대한 민국 100 섬 여행

남해·동해·제주편

대한민국 100 섬 여행 **남해·동해·제주편**

초　판 1쇄 발행 2022년 8월 8일
개정판 1쇄 발행 2024년 2월 16일

지은이 김민수
펴낸이 정해종
편　집 현종희
디자인 유혜현

펴낸곳 ㈜파람북
출판등록 2018년 4월 30일 제2018-000126호
주소 서울특별시 마포구 와우산로29가길 80(서교동) 4층
전자우편 info@parambook.co.kr
인스타그램 @param.book
페이스북 www.facebook.com/parambook/
네이버 포스트 m.post.naver.com/parambook
대표전화 02-2038-2633

ISBN 979-11-92964-83-6 13980

책값은 뒤표지에 있습니다.

2024년
최신 정보
수록

대한민국 100 섬 여행

남해·동해·제주편

김민수 지음

파람북

섬은 아름답다.
어느 방향으로 가도 결국 바다에 닿게 된다. 개발되고 현대적인 건물이 들어서도 몇 걸음만 옮겨 뒤편으로 돌아가면 순수한 자연과 삶의 흔적들이 남아있다.
가장 큰 하늘, 바다, 별, 바람, 노을, 돌담, 배, 갯벌….
순수 속에 존재하는 그곳에서 얼마나 많은 위안을 받았는지. 고마움은 섬으로 가는 날마다 느끼는 감정이다. 처음 봤던 섬의 자연이 몇 년이 지난 후에도 고스란히 남겨져 있거나 그곳에서 만났던 사람이 훗날 인연이 되었을 때도 고맙다. 태풍에 부서지고 생채기 난 지붕과 담벼락, 흉물스러운 모습이 되어서도 굳건히 버텨온 폐교의 동상을 다시 보게 되었을 때도 눈물 나도록 고맙다.
참 열심히 섬을 걸었다. 그런데 원고가 마무리될 때 즈음에는 또 다른 정보가 태어났다. 세 번째 섬 이야기인 이 책은 그 정보들을 집대성한 가이드북이다.
책이 세상에 나올 때까지 다시 떠나 취재하고 사진을 찍어낸 것은 여행작가로서의 양심이자 최선의 노력이었다.
책에는 직접 촬영한 1000여 점 이상의 섬 사진이 실려있다. 생생한 이미지만큼 정확한 정보는 없다고 생각했기 때문이다. 책은 지혜로운 여행을 조언하며 독자가 느낄 첫 섬에서의 감동을 기대한다. 위안과 고마움까지도.
여행자와 여행작가의 차이점에 대해 누군가 물어왔다. 미리 생각해둔 적이 없었기에 잠시 머뭇거리다 떠오르는 대로 답을 했다.
“여행자는 해변에 앉아 상념의 바다를 보고 여행작가는 하나라도 더 보기 위해 걷습니다. 그 외에는 비슷합니다.”
이제 여행자로 돌아가 상념의 바다를 마음껏 즐기고 싶다. 애 많이 썼다.(스스로를 토닥토닥)
작가의 닦달에 스트레스 많이 받으셨을 파람북 편집진에 감사를 표하며, 이 책이 섬 여행의 훌륭한 길라잡이로 자리 잡길 바라는 마음이다.

섬 여행가 김민수

개정판에 부치는 글

대한민국 100섬 여행이 세상에 나온 지도 만 2년이 지났다. 그런데 벌써 개정판이다. 여행 글은 갓 잡아 올린 생선처럼 파닥여야 한다고 그랬다.
가이드북이란 극한 작업을 마치고 당분간 여행은 없을 거라 다짐했지만. 여전히 섬을 쏘다니며 사진을 찍고 글을 쓴다. 마치 개정판을 준비했던 것처럼.
느릿느릿 흐르던 섬의 시간도 변화를 예고하고 있다. 더욱 많은 섬이 연도, 연륙을 앞두고 있다. 몇 년 후에는 개정판이 아닌 새로운 이야기를 써 내려가야 할지도 모른다.
미리 걱정하지는 않기로 했다. 아마도 그때는 또 다른 여행이 생겨날 테니까.
2년째 제주도민으로 살고 있다. 사람들에게 우리나라 가장 큰 섬을 여행하고 있다고 말해왔다. 그런데 점차 생활인이 되어가는 느낌이다. 때때로 익숙함을 위해 애쓰는 자신을 보게 된다.
'맞아, 여행할 때는 바둥거리지 않았는데.'
삶과 다른 여행의 매력, 조금씩 깨우쳐 가는 중이다.

2024년 정월
섬 여행가 김민수

들어가며

섬 여행 전에 알아둘 것들

섬에 대한 정의

국어사전에서 '섬'이란 주위가 수역으로 완전히 둘러싸인 육지 일부로 정의된다. 또한, 해양법에 관한 국제연합협약에 따르면 바닷물로 둘러싸여 있으며 밀물일 때에도 수면 위에 있는, 자연적으로 형성된 육지를 섬이라 부른다. 그리고 물에 둘러싸인 육지라 해도 대륙보다 작고 암초보다 큰 것을 뜻하니 호주는 제외되고 그린란드는 그 범주에 포함된다. 또한, 다리가 놓여 연륙되어도 바다로 둘러싸여 있으므로 섬의 지위는 변함없이 유지된다.

우리나라 섬 현황

한국해양수산개발원 자료에 의하면 우리나라는 인도네시아, 필리핀, 일본에 이은 세계 4번째 다도국으로 총 3,348개의 섬을 가지고 있으며 그중 사람이 사는 유인도는 472개다.

여행을 위한 섬

섬은 바다라는 커다란 자연에 둘러싸여 있으므로 그 경계가 분명하다. 섬 여행이 특별한 것은 그 경계 때문이다. 다리가 놓여 육로로 연결된 섬도 있지만 대부분은 배를 이용해야 그 경계 안으로 접근이 가능하다. 육지와는 다른 독특한 문화를 가지고 있는 것 역시 그런 이유에서다. 여행이 자연과 문화 사람을 경험하는 일이라면 섬은 매력적인 여행지의 조건을 가지고 있다. 느리게 흐르는 시간, 따뜻한 인심은 여정을 더욱 아름답게 만들어 준다.

계획

1) 날씨와 계절

여행을 계획하는 데 있어 가장 중요한 것은 장소를 정하는 일이다. 하지만 섬의 경우는 다르다. 날씨를 먼저 살펴야 한다. 여객선의 운항 여부는 날씨에 의해 결정되는데 혹 섬에서 발이 묶이면 일상으로의 복귀에 차질이 생기기 때문이다. 풍랑, 강풍, 안개 주의보 등의 기상특보가 발효되면 대부분 여객선은 결항한다. 날씨 및 특보에 관한 사항은 기상청 '날씨누리' 홈페이지를 참고하면 도움이 되며 이때 바다예보를 눈여겨봐야 한다.

한편, 식당과 숙소가 잘 갖춰진 섬이 있는 반면에 여행객을 위한 편의시설이 부족한 섬도 있다. 계절에 따라서도 그 편차를 실감할 수 있다. 성수기에는 모든 여행 인프라가 넉넉하지만, 비수기에는 부족하다. 그러나 또 다른 시각으로 보면 성수기는 번잡하고 비수기는 그에 비해 한적하고 여유롭다. 따라서 여행의 테마에 따라 계절과 섬을 매칭하고 계획해야 기대에 부합하는 여정을 이어갈 수 있다.

기상청 날씨누리 (www.weather.go.kr)

'가보고싶은섬' 홈페이지(island.haewoon.co.kr)
메인 화면(왼쪽)과 예매창(오른쪽)

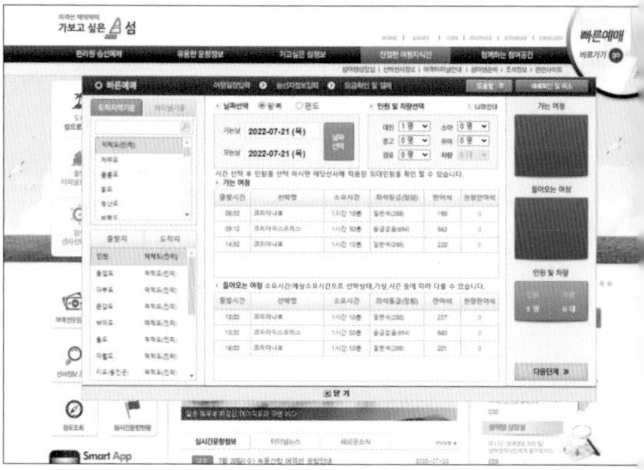

2) 예약

여객선 승선권은 현장에서 구매해도 되지만, '가보고싶은섬' 홈페이지에서 예매하면 여러모로 유리하다. 인기가 있는 섬의 경우 원하는 날짜의 승선권을 미리 확보할 수 있을뿐더러 모바일티켓을 발급받고 갑작스러운 지연 출항, 결항 등의 정보도 제공 받게 된다. 코로나 이후 운항 시간과 요금의 변동 또한 심해졌으므로 여행 계획을 세울 때 미리 확인해 보는 것이 필수다.

특히 옹진군은 '가보고싶은섬' 홈페이지(island.haewoon.co.kr)의 예약시스템을 통해 서해5도(백령, 대청, 연평 외)와 근해도서(덕적, 자월 외)를 1박 2일 이상 관광객에게 여객운임의 50%를 할인해주는 프로그램도 운영한다. (예산 소진 시 중단) 그리고 만 18세 이상 만 35세 이하 내·외국인의 경우 '바다로연간이용권'을 구매하면 주중 50%, 주말 20%의 할인 혜택을 받아 우리나라 섬을 여행할 수 있다.

숙소도 여행 전 예약해 두는 것이 좋다. 계획에 차질이 생기면 섬이란 특수한 환경 때문에 대안을 마련하기가 어렵다. 미리 알아보고 확인하는 섬 여행 습관이 필요하다.

3) 준비물

승선을 위해 반드시 신분증을 반드시 지참해야 한다. 카드 사용이 안 되는 섬도 있으니 소정의 현금을 준비하면 도움이 된다. 트레킹, 캠핑, 라이딩, 낚시 등을 즐기기 위해서는 당연히 해당 액티비티에 걸맞은 장비를 챙겨야 하지만, 단출해야 여행이 편리하다.

섬은 육지보다 낮과 밤의 기온 차가 심하다. 그리고 바닷바람에 오랫동안 노출되면 체온이 떨어지게 마련이다. 보온재킷이나 담요 등을 준비하면 섬 밤의 묘미를 안전하게 즐길 수 있다.

에티켓

섬은 지형적으로 고립돼있으며 그곳을 지켜온 주민들은 대부분 연로한 편이다. 규모가 작은 섬에서는 입도 후 여정을 이어가는 동안 같은 주민을 몇 번이고 마주치는 일이 허다하다.

그 때문에 섬 주민들에게 먼저 인사를 건네는 습관은 매우 의미가 있다. 존중의 의미도 크지만, 주민들의 경계심을 없애는 데도 한몫한다. 그리고 여행자의 존재를 주민들이 인지했을 때 예기치 못한 상황에서 도움을 받을 수도 있다.

민박이나 펜션 등 숙소를 이용할 때를 제외하고는 여행자 본인의 쓰레기는 가지고 돌아가는 것이 원칙이다. 많은 섬이 쓰레기 소화 능력을 갖추고 있지 않은 점에 주목해야 한다. 가능하면 섬으로 들어가기 전, 지역 쓰레기봉투를 구매해 사용하고 육지로 가지고 나와 처리하는 것이 바람직하다.

즐기기

자연의 모습이 고스란히 남아있는 섬은 액티비티를 즐기기에 좋은 환경을 가지고 있다. 산과 바다를 아우르는 트레킹코스가 이어진다면 캠핑하기 적당한 아름다운 해변도 있다. 규모가 큰 섬들은 라이딩이 너무도 잘 어울린다. 찬란한 아침, 애틋한 노을, 밤하늘에 가득한 별빛, 파도소리 등등 보고 느낄 거리도 넘쳐난다. 사진을 찍어 추억으로 남기기에 섬은 너무도 멋진 장면들을 제공한다.

그리고 섬의 문화와 사람들에게 관심을 가지면 더 큰 여행의 기쁨을 경험하게 된다. 시간의 흔적들은 섬 곳곳에 남아있다. 낡고 해어진 것들이 존중받는 여행 또한 그 나름의 가치를 지닌다.

차례

전남 진도군

전남 완도군

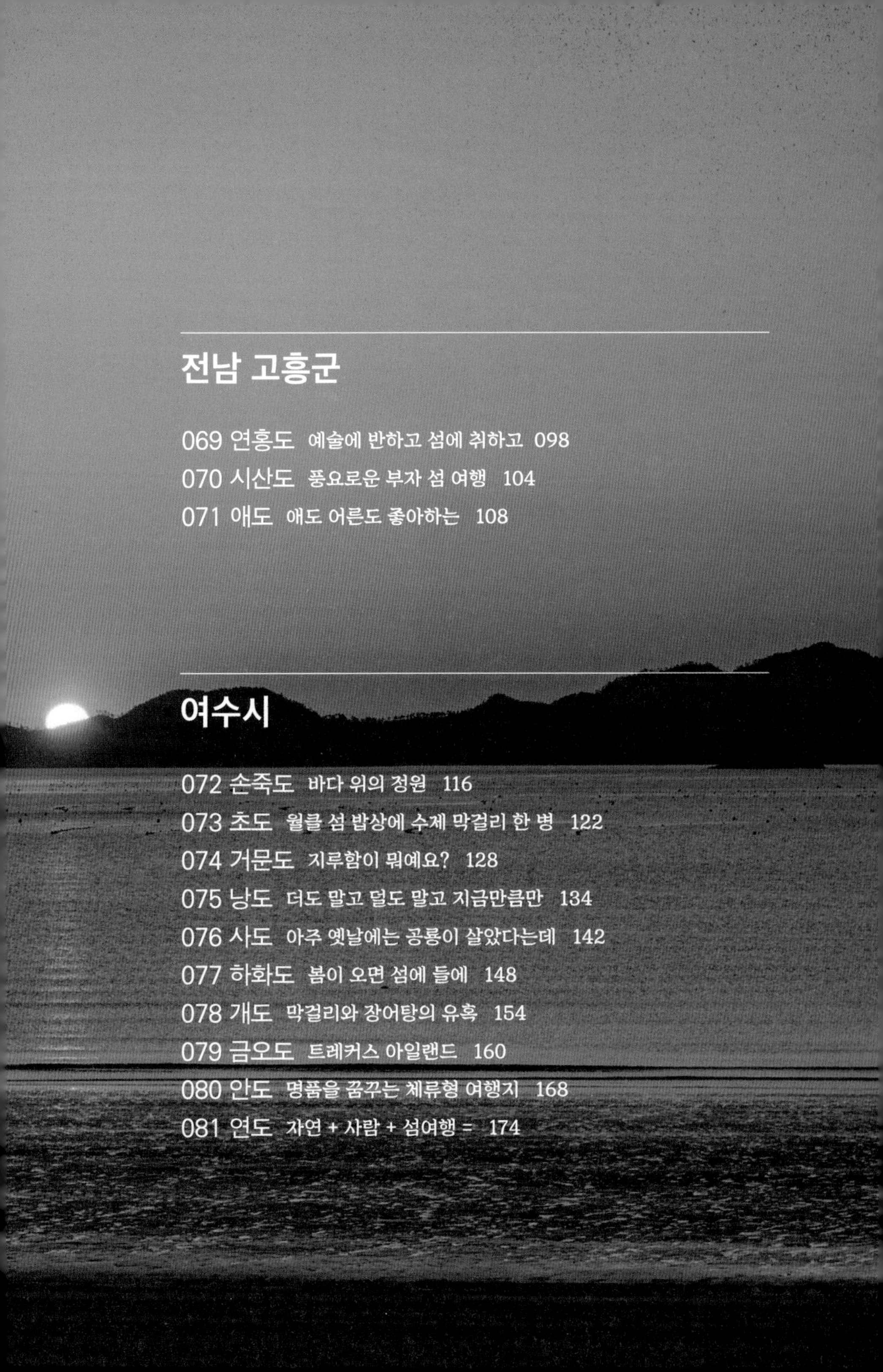

전남 고흥군

여수시

경남

경북

제주

전남 진도군

가사도
조도
대마도
관매도
맹골도
맹골죽도

056 가사도

오붓하고 정겨운 멀고 또 가까운 섬

가사도등대

가사도는 멀고 또 가까운 섬이다. 목포에서 하루 한 번, 수많은 섬을 거쳐 가는 낙도 보조선을 타고 가면 3시간 30분이 걸리고 진도 쉬미항에서는 불과 1시간이면 닿는다. 하지만 대중교통을 이용한다면 쉬미항까지 접근하는 것 또한 만만치 않으니 쉽게 여행할 수 있는 섬은 아닌 셈이다. 가사도는 면적이 6km²가 넘는 섬이다. 이 정도 크기의 섬은 차량을 동반하기에는 작고 도보로 여행하려면 1박 2일이 빡빡하다. 그래도 둘 중 하나를 선택해야 한다면 도보여행을 권하고 싶다. 가사도는 걷는 자에게 더 많은 볼거리를 제공하는 섬이기 때문이다. 선착장을 기준으로 좌측의 돌목마을 방향이 여행자를 위한 구간이라면 우측의 가사도리와 궁항리에서는 섬의 일상을 볼 수 있다.

가사도는 섬의 생김이 스님의 가사를 닮아 지어진 이름이다. 그 때문에 전통적으로 불교 색채가 강한 섬이며 어업은 물고기에 대한 살생이라는 관념이 있어 오히려 농사와 톳 양식이 발전해왔다. 일제강점기에 납석(고령토)과 명반석(알루미늄)이 발견돼 섬 곳곳이 파헤쳐지기도 했으며 규석을 채굴했던 동굴이 원형을 유지한 채 남아있다. 가사도는 십자동굴 주변과 등대에서 돌목해변까지의 해안 산책로 그리고 돌목해변 뒤편의 숲을 포함해 생태공원을 조성했다. 또한, 2015년 이후 풍력과 태양광을 이용, 에너지를 자급하는 청정 섬의 면모도 갖추고 있다.

가사도는 꽃 만발한 봄 여행지로도 좋고 여름철 휴가지로도 특별하다. 아담한 백사장을 갖춘 돈목해변은 제반 시설은 부족하지만, 마치 외딴 바닷가 마을에서 느껴지는 정겨움이 있다.

가사도등대와 대소동도

TRAFFIC

여객선

목포여객선터미널 → 가사도

- 하루 1회 운항 | 3시간 30분 소요

진도 쉬미항 → 가사도

- 하루 3회 운항 | 1시간 소요

PHOTO SPOTS

돌목해변 풀등, 낙조

돌목마을 앞에 있는 길이 250m의 자그마한 해변으로 오래전 〈1박2일〉의 촬영지다. 물이 맑고 백사장이 오붓하게 펼쳐져 프라이빗비치의 느낌마저 든다. 차올랐던 바닷물이 썰물 때 빠지면서 물결의 쓸림이 백사장에 나타나며 풀등도 만들어진다. 해변 옆, 방파제의 암석 지형에서 바라보는 일몰 광경 또한 매우 아름답다.

기묘한 섬들 (광대도, 혈도, 주지도, 양덕도)

여객선을 타고 가사도로 향하는 뱃길에는 기묘한 모습의 섬들이 줄을 이어 나타나고 사라져간다. 사자를 닮은 광대도, 섬 가운데 구멍이 뚫린 혈도, 섬 정상에서 가운뎃손가락을 날리는 손가락 섬 주지도 그리고 영락없는 발가락 섬 양덕도가 그것이다. 주민 수가 몇 안 되는 작은 섬들이지만 사진으로 남겨두면 귀하게 기억된다.

PLACE TO VISIT

가사도등대

1915년 세워진 가사도등대는 최초에는 무인 등대였다. 제주, 부산에서 목포, 인천 방향으로의 선박의 안전을 위해 1984년 광력 증강과 더불어 유인화되었다. 또한, 2010년 등탑을 교체할 당시 데크와 퍼걸러, 탐방로 등의 편의시설을 확충하여 해양문화공간으로 재탄생하였다. 대소동도, 소소동도, 마도, 불도 등 주변의 무인도를 비롯한 바다 조망이 뛰어나 섬의 대표적 명소로 꼽힌다.

십자동굴

가사도등대 부근에는 일제강점기에 규석을 채굴했던 광산이 있다. 십자동굴 역시 광산의 흔적이다. 길이 170m의 동굴은 어른 5~6명이 나란히 서도 될 만큼 널찍한 구역도 있지만, 때론 고개를 숙이고 지나가야 할 정도로 폭과 높이가 들쭉날쭉하다. 가끔 집단 서식하는 박쥐 떼도 목격할 수 있으며 최근에는 일부 구간이 무너져 탐방이 제한되기도 했다.

톳

기이한 섬 주지도

돌목해변 풀등

ACTIVITY

트레킹

십자동굴 탐방로 (0.6km | 30분)
가사도등대-포토존-십자동굴-전망대

해안경관 산책로+해안생태숲(2km | 1시간)
가사도등대-해안길-돈목마을-돈목해수욕장

가사도 풀 트레킹 (20km | 7시간)
가사도항-궁항리회관-가사리염전-궁항해변-해안길-옥출광산해변-가사수원지-내연발전소-가사도리-가사도분교장-카클해변-가사분교장-가사도항-돌목마을-돌목해변-해안산책로-십자동굴-가사도등대-가사도항

캠핑

돈목해변을 제외하면 마땅한 캠핑장소가 없다. 돈목해변에 설영을 할 때는 물때를 고려해야 한다. 특히 사리가 가까워지면 해변 끝까지 물이 들어올 수 있으니 주의해야 한다. 해충이 없는 초봄과 늦가을의 캠핑 여행이라면 비박색과 침낭을 이용해도 좋다. 섬 곳곳에 정자와 퍼걸러가 설치되어있기 때문이다. 섬 곳곳에 넓고 아늑한 물양장이 많아 5~6월 톳을 건조하는 시기를 벗어나면 한가로이 차박을 즐길 수도 있다.

FOOD

가사도는 톳으로 유명하다. 하지만 식당이 없는 섬에서 특산물을 먹어보기란 쉽지 않다.
하지만 손님이 많은 휴가철에는 대개의 민박집에서 식사를 제공한다. 이때, 자연산 톳과 미역을 만든 반찬으로 부탁해 먹어보거나 생산자에게 직접 구매하는 것도 방법이다.

STAY

돌목마을을 중심으로 3곳 정도의 민박이 있다. 성수기를 제외하고는 영업을 쉬는 경우가 빈번하니 사전에 운영 여부를 알아봐야 한다. 최근 선착장에서 가사도리 방향으로 가까운 곳에 가사도민박이라는 이름으로 깨끗한 숙소 한 곳이 문을 열었다.

REFERENCE SITE & PHONE NUMBER

교통 및 주요 기관

- 가사페리호 선장 (쉬미항 | 010-4611-3183)
- 서진도농협 조도지점 (쉬미항 | 061-542-5383~5)
- 해광운수 (목포 | 061-283-9915)

음식 및 숙박

- 가사도민박 (0507-1394-7769)
- 새롬민박 (010-6616-2407)
- 우리원민박 (010-6652-8212)
- 가사도 자연산톳 (윤광용 010-3713-2455)

십자동굴

가사도 포토존 | 가사도항

해안경관 산책로

일몰 무렵

057 조도(상조도, 하조도)

섬 플렉스

손가락바위

진도군 조도면에는 무려 154개의 섬이 있다. 우리나라의 면 단위 행적구역 중 가장 많은 섬이 속해있어 일명 조도군도라고도 부른다. 조도는 그 중심에 있는 모섬이다. 군도에서 가장 큰 두 개의 섬, 상조도와 하조도는 1997년 연도되어 이미 공동의 생활권을 유지하고 있다.

조도를 여행할 때, 단순 산행이 목적이 아니라면 차량을 동반하는 것이 좋다. 조도행 여객선은 진도에서도 남쪽 끝에 있는 팽목항에서 출발한다. 이곳까지 대중교통으로 접근하려면 시외버스와 군내버스를 바꿔 타야 하는 불편함이 있고 시간도 오래 걸린다. 또한, 상조도와 하조도를 두루 살펴보려면 섬 내 공용버스로는 역부족이기 때문이다.

조도 여행의 핵심은 하조도등대 그리고 상조도의 도리산 전망대다. 두 명소를 꼭짓점에 세우고 일정을 계획한다면 나머지 볼거리도 자연 이어진다. 하조도에는 신금산과 돈대봉 등 산과 산 사이의 자락을 따라 마을이 들어서 있다. 그리고 그 마을들은 해안까지 가 닿는다.

하조도 여행은 아기자기한 재미가 있다. 등대를 탐방한 후 곧바로 산행을 이어가거나 신전해변으로 가서 물놀이와 캠핑을 즐겨도 좋다. 면사무소가 있는 창리는 두 섬에서 가장 번화한 마을이지만 모습은 80~90년대에 멈춰있다. 요즘 지어진 관공서 건물에서 한 꺼풀만 벗어나도 그 느낌은 확연해진다. 이곳에서는 정해진 것도 안 되는 것도 없다. 식당의 메뉴에 매운탕과 삽겹살 그리고 치킨이 동시에 올라 있는가 하면 슈퍼에서는 횟감용 삼치도 판다. 반면 상조도는 관광객이라고는 전혀 찾아들 것 같지 않은 묵묵한 농촌의 모습을 하고 있다. 그래서 오히려 잘 살펴 여행하면 욕심 없는 섬 본연의 정취를 맛볼 수 있다. 마을 안 정자에 주렁주렁 매달린 메줏덩어리들 그리고 밭일을 마치고 집으로 돌아가는 노부부의 경운기도 상조도의 흔한 감성이다. 하지만 도리산 전망대에 오르면 반전을 경험하게 된다. 조도군도의 장엄함에 탄성을 지르게 될 테니까.

신전해변 일출

TRAFFIC

여객선

진도 팽목항 → 하조도 창유

- 하루 7회 운항 | 30분 소요

※ 여름휴가철(7.21~8.26)에는 13회로 증편

PLACE TO VISIT

하조도등대

진도 팽목항을 출발한 여객선이 하조도에 다가갈수록 섬의 왼쪽 끝 지점 해안절벽 위의 하얀 등대가 또렷해진다. 하조도등대는 1909년 세워진 유인 등대다. 신금산을 뒤에 두르고 널찍한 전망데크를 전면에 펼쳐놓은 등대는 여행객이 제일 먼저 찾아와 여정의 시작을 달구는 인증장소다. 선착장에서 등대까지는 차를 타고 쉽게 오갈 수 있지만, 트레킹 코스로 더욱 훌륭하다. 편도 4.7km의 구간 내내, 한편에는 산자락의 푸르름이 또 다른 쪽으로는 시원한 바다 풍광이 이어지기 때문이다.

신전해변

하조도 남쪽 끝에 있으며 섬에서는 유일하게 백사장으로 이뤄진 해변이다. 모래에 자갈이 많이 섞여 있는 등 환경에는 다소 부족함이 있지만, 오히려 인공적인 요소가 없고 휴가철에도 많이 붐비지 않아 여유롭게 즐길 수 있다. 방파제 부근에서 해산물을 살 수 있으며 신전 행복마을 한옥 민박촌이 가까워 조도 여행의 베이스캠프로 많이 이용된다.

PHOTO SPOTS

도리산 전망대

상조도 서쪽 끝 도리산 돈대봉 정상(210m)에 있는 전망대로 자타공인 조도 최고의 명소다. 이곳에서는 바다를 빼곡히 메우고 금방이라도 날아오를듯한 조도군도의 수많은 섬이 조망된다. KT 기지국을 중심으로 360도 이어지는 데크 전망대의 특성상 각 방향 또는 시간대별로 일출, 일몰을 포함한 전혀 다른 풍광과 감성을 만날 수 있다. 1869년 상조도에 상륙했던 영국 해군 라이스호 함장 바실 홀(Basil Hall)은 이곳에서 바라본 다도해의 섬 군락을 '지구의 극치'라 격찬했다(1816년 저서《조선항해기》). 전망대 아래 주차장까지 차량접근이 가능하며 부근에 바실홀기념공원으로 이어지는 산책길도 조성돼있다.

하조도등대 위 정자

하조대등대 뒤편으로는 신금산 산행로가 이어진다. 그 90m 위 지점에 있는 정자는 등대와 주변에 펼쳐진 바다를 완벽하게 조망하고 앵글에 담을 수 있는 포토스폿이다.

손가락바위 (삼형제 바위)

돈대산 정상 아래 능선에 솟아있는 바위로, 정면에서 보면 손가락 하나가 우뚝 솟아있는 모습이다. 하지만 다른 방향에서 보면 겹겹이 쌓인 세 개의 퇴적암 덩어리가 사이좋게 모여있는 형태를 하고 있어 삼형제 바위로 불리기도 한다. 이곳에서는 기묘한 생김의 바위들은 물론 상조도와 하조도의 마을과 저수지 등의 광활한 풍광을 시원하게 담을 수 있다.

※ 봉(烽)은 밤에 불을 올리고 수(燧)는 낮에 연기를 피워 의사를 전달하는 것을 뜻한다.
봉수대는 봉우리에 설치하여 적의 동태를 살피는 데 이용했다. 또한, 돈대는 군사용 목적으로 주변보다 높고 평평하게 만든 터를 뜻한다. 이런 이유로 봉수대가 있는 산의 이름을 돈대산이라고 부르는 경우가 흔하다.

한옥마을

ACTIVITY

트레킹

돈대산-신금삼종주 (17km | 7시간)

어류포-저수지-산행마을-큰방석-손가락바위-킹콩봉-돈대봉-투스타바위-약수터-구보건소-유토마을표지석-기원탑-신금산-거북바위-낙타봉-동백군락지-운림정-조도등대-어류포항

라이딩

(49km /4시간)

어류포항-하조도등대-조도면사무소-읍구마을-신전해변-신전마을-읍구마을-모래개해변-곤우마을-조도대교-맹성리-상조도보건진료소-성등포항-상조도어민복지회관-동구리사거리-도리산전망대-여미마을-맹성리-조도대교-조도중고등학교-어류포항

캠핑

조도는 섬 면적과 비교하면 의외로 텐트를 칠만한 장소가 많지 않다. 캠핑은 신전해변이, 차박은 조도대교 아래 공원 지역이 그나마 적당하다. 신전해변에는 4개의 넓은 데크사이트가 있으며 전망도 좋고 소나무가 그늘을 만들어준다. 하조도는 대부분 지역이 다도해해상국립공원에 속해있다. 허가받지 않은 곳에서의 무분별한 텐트 설치와 취사는 단속의 대상이 될 수 있으니 주의해야 한다.

도라산전망대

FOOD

조도지역의 미역은 조도곽이라 부르며 품질에서 자타공인 전국 최상급이다. 가을철에는 삼치가 많이 나는데 특히 10월 이후에는 살이 올라 맛이 매우 좋다. 신전마을선착장에 가면 고깃배에 생물을 살 수 있다. 어류포 특산품 판매소나 창유리 마을 내의 슈퍼에서도 냉동된 삼치를 저렴한 가격에 판매한다. 그리고 전복 생산자와 직거래도 가능하다. 조도의 식당은 면사무소가 있는 창유리에 집중되어있지만, 그 수가 많은 편은 아니다. 배를 타기 전 진도읍이나 팽목항 근처 서망어판장에서 식재료를 준비하는 것도 방법이다. 한편, 전국 해풍쑥 생산량의 반은 조도에서 난다. 조도쑥은 향이 진하고 미네랄, 베타카로틴 등 영양소가 풍부해서 빵의 재료로 많이 쓰인다.

STAY

창유리에 민박과 여관이 있으며 신전리에 한옥 민박 단지가 조성돼있다. 한옥 민박은 그 자체로도 고풍스러운 분위기를 가지고 있지만 바다가 내려다보이는 신금산의 자락에 자리하고 있어 주변 풍광이 매우 뛰어나다. 전남문화해설가 박길림 씨를 통하면 숙박을 포함한 다양한 섬 정보를 얻을 수 있다.

REFERENCE SITE & PHONE NUMBER

교통 및 여행 문의

- 조도택시 (061-542-5071)
- 전남문화해설가 (박길림 blog.daum.net/jodopkl | 010- 3629-5148)

음식

- 삼거리식당 (돼지고기 061-542-5050)
- 윤희네 (국밥 0507-1308-8227)
- 부흥식당 (매운탕 061-542-5021)
- 전복 문의 (장효남 010-7145-1900)

숙박

- 송애정민박 (061-542-5276, 010-6733-2488, 010-3633-5276)
- 해오름한옥펜션 (한옥 061-542-5003),
- 쌍용한옥민박 (한옥 061-542-5426),
- 바다향기민박 (한옥 061-542-2365),
- 광순한옥민박 (한옥 061-542-5023)
- 버드아일랜드 (birdisland.modoo.at | 010-3666-5022)
- 등대길민박 (blog.naver.com/5429336 | 010-3282-5368, 061-542-9336)

하조도 창유항(어류포)

하조도등대

조도대교

하조도등대 위 정자

058 대마도

쓰시마가 아닙니다

일본에만 대마도가 있는 것이 아니다. 우리나라에도 대마도가 있다. 진도군 조도면에 있는 대마도는 부근의 소마도와 더불어 조선시대에 군마를 사육하던 말 목장이 있던 섬이다. 어찌 보면 섬의 모습도 말 머리와 흡사하다. 대마도가 일반에 알려지게 된 것은 2018년 전라남도의 '가고싶은섬'으로 선정된 이후다. 물론 그 전에도 몇몇 여행가에 의해 수려한 자연과 역사가 소개된 적도 있었지만, 3km 남쪽의 관매도에 비하면 무명 섬과 다름없었다. 섬 중앙의 움푹 팬 해안을 따라 대마리, 대막리로 불리는 2개의 마을이 형성되어있으며 그곳에서 낮은 구릉을 타고 임도가 해변과 산으로 이어진다. 겉으로 보기에는 마냥 평화롭기만 할 것 같은 섬의 곳곳에는 기발한 풍광이 숨겨져 있다. 동화 속에나 나옴 직한 숲속의 초등학교가 그렇고 키 높은 해송림을 걷어내야 비로소 속살을 드러내는 하얀 백사장의 시아시해변이 또 그런 곳이다. 가고싶은섬 조성사업이 완성되면 캠핑장이 들어설 마미동해변 역시 섬 여행의 감성을 충족시키기에 모자람이 없다. 대마도는 물이 부족한 섬이다. 급수선이 들어와 선착장에 설치된 커다란 물탱크를 채우면 주민들이 물을 받아다 사용한다. 김, 톳, 바지락 양식이 이뤄지는 섬에는 자연 해산물이 풍부하다. 주민들은 물 빠진 갯벌에 나와 전복, 낙지 소라 등 저녁 찬거리를 쉽게 얻어간다.

대마도 아침

TRAFFIC

여객선

진도 팽목항 → 대마도

- 하루 1회 운항 | 1시간 30분 소요

목포 → 대마도

- 하루 1회 운항 | 6시간 40분 소요

낙도보조선

- 대개의 경우는 진도 팽목항을 이용하지만, 목포에서 낙도보조선 (섬사랑10호 또는 13호)을 타고 여러 섬을 거쳐 가는 방법도 있다.
- 섬사랑10호(13호)가 거치는 섬

  목포연안여객선터미널-율도-쉬미항-저도-광대-송도-혈도-양덕-주지-가사-소성남-성남-옥도-내병-외병-눌옥-갈목-진목-하조도 창유항-율목-나배-관사-소마-모도-대마-관매-동거차-서거차-상조도 율목항

PHOTO SPOTS

대마도항선착장의 하루

선착장은 다른 섬의 모습과 크게 다를 것이 없지만, 저녁이면 갯벌에 노을빛이 반사돼 화사한 분위기를 연출한다. 또한, 잡광이 심하지 않아 밤이면 선명한 별들을 관찰할 수 있다. 하조도의 섬 능선을 발갛게 물들이며 시작되는 아침을 경험하고 나면 누구든 그 달콤함에 푹 빠지게 된다.

동화 속 학교, 조도초등학교 대마분교장

선착장과 마을 사이의 갈림길을 거슬러 오르면 나지막한 동산과 숲으로 둘러싸인 작은 학교를 만날 수 있다. 학생 수 2명의 조도초등학교 대마분교장이다. 보라색과 오렌지 그리고 파란색 옷을 입은 교사는 운동장의 초록 잔디와 환상적인 케미를 보여준다. 교실 문이 열리면 금방이라도 동화 속 캐릭터들이 뛰쳐나올 것 같다.

PLACE TO VISIT

마미동해변

대마마을 사잇길을 따라 헬기장 고개를 넘어가면 저수지 앞으로 길이 300m의 자그마한 해변이 나타난다. 자연 그대로의 모습이라 조금은 거칠지만, 그 점 때문에 오히려 이국적인 정취가 흐른다. 모래가 단단하고 파도의 드나듦이 부드럽다. 그리고 뒤로는 작은 언덕이 든든하게 받쳐주니 무엇보다 마음이 편해지는 해변이다.

시아시해변

대막마을에서 낮은 산 하나를 넘어야 만날 수 있는, 대마도가 꼭꼭 숨겨둔 해변이다. 마미동해변과 규모는 비슷하지만 울창한 송림이 해변을 감싸고 있어 아늑한 느낌이 든다. 좌측으로는 하조도, 우측으로는 관매도가 조망되며 백사장의 폭이 넓어 거니는 것만으로도 힐링이 된다.

대마도 선착장

ACTIVITY

트레킹
(6.5 km | 2시간 30분)

대마도선착장-대마분교장-저수지-마미동해변-해변 윗길-고개-대마리 사무소-대마리 마을정자-대막리마을-고개-시아시해변-대막리마을회관-대마리 마을정자-대마도선착장

캠핑

마미동해변의 구 멸치건조장 앞에서 알파인 3동 정도 설영이 가능하다. 마미동해변은 밀물 때 백사장 끝까지 물이 들어와 텐트 설치가 어렵다. 오히려 시아시해변의 경우는 송림과 해변 사이에 사이트를 꾸밀 수 있는 공간이 나온다. 단 바다 부유물이 많이 밀려드는 지역이라 환경 정리가 필요하다. 바람이 잔잔한 날이면 선착장에서의 캠핑도 고려해 볼 수 있다. 섬에는 슈퍼가 없다. 들어오기 전 식자재를 준비해야 한다. 물은 선착장에 물탱크가 설치돼있어 걱정할 필요 없다.

특산물 멸치

마미동해변

FOOD

톳과 멸치로 유명한 섬이지만 식당은 없다. 하지만 민박을 통해 섬 밥상을 마주할 수도 있다. 마을에 들어가면 민박집을 찾아 식사할 수 있는지 미리 알아봐야 한다. 그리고, 낚시하지 않는다면 물이 빠졌을 때 마을 앞 갯벌과 선착장 부근의 갯바위를 잘 살펴봐야 한다. 운이 좋으면 바지락, 소라, 낙지, 해삼 등을 잡을 수 있다. 저녁 무렵 반찬거리를 채취하러 나온 주민들을 따라가도 좋다.

STAY

아직은 여행객을 위해 완성된 섬이 아니다. 때문에, 민박도 한두 곳이 고작이고 계절에 따라 운영여부가 달라진다. 주민협의회 김종열 위원장을 통해 숙소를 소개받을 수 있다.

REFERENCE SITE & PHONE NUMBER

주요 기관 & 여행 안내

- 진도군 문화관광 (www.jindo.go.kr/tour/main.cs)
- 조도초등학교 대마분교장 (061-544-5698)
- 주민협의회 위원장 (김종열 010-6260-9329)

교통 및 숙박

- 한림페리 (061-544-0833)
- 대마민박 (010-6886-6658)

시아시해변

마을 입구

선착장 야영

059 관매도

혼자서 즐기기는 너무 아까워

하늘다리 가는 길

관매도가 대중에 알려지기 시작한 것은 2011년 예능프로그램 〈1박2일〉에 소개되면서부터다. 이후, '국립공원 1호 명품마을 관매도'라는 이름으로 시작된 섬 여행 활성화의 노력은 2015년 전라남도 '가고 싶은 섬'에 선정되면서 더욱 단단한 관광인프라를 갖추게 되었다. 관매도에는 총 3개의 마을이 있다. 마을들은 각기 특색을 가지고 있다. 관매마을은 섬의 베이스캠프와 같은 곳이다. 관매도 해변은 길이만 1.2km에 달하는 광활한 백사장을 자랑한다. 모래가 곱고 단단해 경비행기의 활주로로 이용될 정도다. 또한, 수령 300년의 곰솔 숲이 해변을 감싸고 그 아래로는 국립공원 관매도 야영장이 들어서 있다. 곰솔 숲은 빼어난 자연미로 2010년 산림청에서 주관하는 '아름다운 숲' 경연에서 '대상'을 수상하기도 했다.

국립공원 관리사무실

관호마을은 걷기 길의 중심지다. 섬의 상징인 꽁돌과 하늘다리를 만나려면 마을의 낡고 빛바랜 가옥과 세월 때가 겹겹이 쌓인 돌담 사이를 지나야 한다. 능선 위 바람막이 우실을 넘어서면 관매도 남쪽 해안의 그림 같은 비경이 모습을 드러낸다. 섬 트레킹은 사람 사는 마을과 순수 자연을 두루 거쳐야 재미도 있고 의미도 배가 된다. 주민들은 가옥의 전체 혹은 일부를 개조, 민박과 식당을 운영하기도 한다. 마을 내에는 섬의 특산물 톳으로 만든 부침개와 쑥막걸리를 파는 집이 몇 군데 있다. 재료가 주는 맛도 맛이거니와 무엇보다 섬 삶에 녹아드는 특별한 정취가 있어 좋다.

장산편마을은 마치 여정의 덤과 같은 곳이라 그냥 지나쳐 버리기 쉽다. 하지만 10여 가구 남짓한 마을 앞 너른 들판은 관매도의 숨겨진 보석이다. 섬을 대표하는 비경으로 관매팔경을 앞세우지만, 봄날 관매도를 찾았던 사람들은 그 계절 섬에 머물렀던 숨 막히는 광경을 잊지 못한다. 들판을 가득 메운 노란 유채꽃이 그것이다. 옴폭 들어간 널찍한 들판은 섬과는 또 다른 신비한 장소다.

관매도에서의 차량은 의미가 없다. 어느 마을이든 걸어서 10분이면 접근할 수 있으며 야영장도 불과 500m의 거리다. 걷고 바라보고 머무는 즐거움에 빠진다면 오히려 조금의 불편함은 여행자의 행복이다. 누리고 싶은 모든 바람이 충족될 수 있는 곳, 관매도는 그런 섬이다.

TRAFFIC

여객선

진도 팽목항 → 관매도

- 하루 2회 운항
- 한림페리 11호 : 09:30 출항 | 2시간 소요
- 새섬두레호 : 10:30 출항 | 1시간 20분 소요

※ 여름휴가철 운항노선 증편

선착장 조형물

PLACE TO VISIT

꽁돌

관매8경중 하나로 섬의 남쪽 해안에 댕그라니 자리하고 있는 직경 7~8m의 커다란 바위. 지상에 떨어진 옥황상제의 공깃돌이란 전설이 전해져 내려온다. 부근에 공깃돌을 찾아 나섰던 하늘장사와 사자들의 돌묘가 있으며 파도에 침식된 해안 지형을 관찰하는 것도 또 다른 재미다.

하늘다리

우뚝 솟은 바위 봉우리 두 개를 연결해 놓은 다리. 다리의 한가운데 투명창을 설치해 놓아 아찔함을 더하였다. 아래로 돌을 던지면 3~4초 후에야 바다에 빠지는 소리가 들려 그 높이가 가늠된다. 관매 8경의 하나로 최근, 탐방로 종점부에 주민과 탐방객을 위한 쉼터를 조성했다.

PHOTO SPOTS

관매도해수욕장 낙조

관매도해수욕장은 폭이 매우 넓다. 썰물 때는 200m가 넘게 바다가 달아난다. 서쪽을 향하고 있는 해변의 특징으로 낙조가 매우 아름답다. 물 빠진 해변을 걸어가는 실루엣이나 동거차도와 대마도 사이로 떨어지는 태양에 포커스를 맞추면 별다른 기교 없이도 멋진 사진을 얻게 된다.

장산평 유채꽃

장산평 들판은 무려 3만 평에 이른다. 이곳의 유채꽃 단지는 유휴 농경지를 활용해 조성되었다. 해마다 봄이면 해수욕장에서 섬의 동쪽 해안까지 온통 노란 유채꽃 세상이 된다. 관매도는 2023년 찾아가고싶은 봄섬 유채꽃 섬으로 선정되기도 했다.

관매도 캠핑

ACTIVITY

트레킹

방아머리 코스 (9km | 3시간)
관매마을-셋배-관매습지-장산편마을-방아섬-독립문바위-해수욕장 솔밭길-관매마을

벼락바위 코스 (14km | 5시간)
관매마을-셋배-돈대산-우실-꽁돌-하늘다리-관호마을-다리여-벼락바위-관호마을-선착장-관매마을

캠핑

국립공원에서 관리하는 야영장이 선착장에서 500m 거리의 해수욕장 뒤편에 들어서 있다. 2곳의 화장실과 개수대가 설치돼있으며 폐교 부근의 하트데크를 제외하면 대부분 노지 사이트로 설영이 자유롭다. 차량접근이 안 되므로 백패킹이 아니면 주차장에 차를 세우고 장비를 옮겨야 한다. 예약은 받지 않으며 선착순으로 누구나 쉽게 캠핑을 즐길 수 있다.
섬 내에 식당과 슈퍼가 있지만 식수를 제외한 기본 식재료는 진도읍 등에서 구입해 입도하는 것이 좋다. 여름 성수기에는 샤워장(3,000원)을 운영하며 야영장에 몽골텐트(당일 20,000원, 1박 30,000원)가 설치된다.

관매도해수욕장 낙조

FOOD

관매도 톳 짜장면

최근 섬마다 짜장면집이 생겨나고 인기를 얻고 있다. 관매도 짜장면집은 역사만으로도 그 원조격에 속한다. 톳 짜장면은 맛이 고소하고 면의 부드러움 속에 오독이는 톳의 식감이 새롭다. 해물이 듬뿍 들어간 짬뽕과 탕수육도 평균 이상이다. 그리고 이 집에서 직접 잡아 말려 파는 반건조 생선을 사서 쪄먹는 것 또한 섬에서만 맛볼 수 있는 별미 중 별미다.

섬 막걸리

과거 관매도 섬 막걸리는 봄철에 캐어 두었던 쑥을 넣어 만들었다. 그래서 쑥 향이 매우 강했다, 봄철에는 신선도가 좋았지만, 계절이 지나면 냉동 쑥을 사용해야 하는 단점이 있었다. 최근 관호마을 선미네집 할아버지는 한약재로 쓰이는 '당삽주'의 뿌리 '창출'을 재료로 쓰기 시작했다. 막걸리의 쓴맛이 덜하고 감칠맛이 훨씬 좋아졌다.

솔밭식당 삼치회

가을, 삼치 철이 되면 솔밭식당의 삼치회는 꼭 먹어봐야 한다. 일단 양이 많고 배에서 바로 잡아낸 것이라 삼치의 본맛을 경험할 수 있다.

- 송백정 : 톳 (6시내고향 5329회)
- 솔밭식당 : 톳칼국수 (해피투데이 15회)

STAY

관매도에는 관매마을에 15개, 관호마을에 5개 총 20여 곳의 민박이 운영되고 있어 숙식의 걱정은 없다. 일반 가옥에서 새롭게 지어진 전문 민박까지 시설의 수준도 다양하고 가격도 30,000원에서 70,000원 정도로 편차가 있다.

짜장면 | 솔밭식당 삼치회

쑥막걸리와 톳 요리 | 장산평마을 유채꽃

REFERENCE SITE & PHONE NUMBER

주요 기관 & 여행 안내
- 관매도 (www.gwanmaedo.co.kr)
- 서진도농협 (세섬두레호 061-542-3492)
- 다도해국립공원 관매도야영장 (061-542-1330)
- 관매도특산물판매장 (061-544-8498)
- 관매도하늘다리영어조합법인 (061-544-7729)
- 관매도명품마을복합영농조합법인 (061-544-0400)

교통
- 에이치엘해운 (한림페리 11호 061-544-0833)

캠핑
- 몽골텐트 (김영철 010-5016-9869)

하늘다리

음식 및 숙박
- 팽나무골민박 (paengnamoogoal.imweb.me | 010-3613-3975)
- 돌담민박 (cafe.naver.com/01088076716 | 010-9825-5052)
- 낮잠펜션 (blog.naver.com/kokojunjun | 010-3328-3971, 010-5611-5936)
- 관매사랑 펜션 (010-6822-8498)
- 바다수산민박 (010-3187-2901)
- 관매도 마을펜션 (010-6822-8498)
- 우정민박 (061-542-3774, 010-8620-0608)
- 관광민박 (061-544-3827)
- 관매정 (061-544-8668)
- 명성민박 (061-544-3650)
- 솔밭민박식당 (061-544-9807)
- 송림민박 (관매마을슈퍼 | 061-544-3668)
- 송백정 (식당 061-544-4433)
- 청우당 (061-544-5725, 010-9947-5725)
- 동백민박 (061-544-8550)
- 소라정 (061-544-3926)
- 샘터민박 (061-544-5670)
- 민박식당 (061-544-5296)
- 관매도짜장집 (010-2845-2344)

꽁돌

060 맹골도

멀고 거친 그리운 섬

'맹수같이 사나운 바다를 끼고 망망대해에 떠 있는 섬'이라는 데서 이름이 유래된 맹골도는 여전히 거칠고 투박한 섬이다. 오래전 목포에서 이틀에 한 번씩 여객선이 오가던 시절(6시간 30분 소요)에는 풍랑이 세지면 맹골도 앞에 두고 뱃머리를 돌리기 일쑤였다. 그 때문에 섬사람은 '맨날 골탕만 먹이는 섬'이라 푸념하며 이름을 비아냥거리기도 했다.

맹골도 여객선

맹골도는 맹골군도에서 가장 큰 섬으로 진도 팽목항에서 3시간 30분 동안 바닷길을 달려야 만날 수 있는 머나먼 섬이다. 지도에서 보면 조도, 관매도, 거차도 그 다음이 맹골도다.

맹골도는 높이 130m의 깃대산을 중심으로 완만한 섬 능선을 가지고 있다. 맹골군도의 섬들은 공통으로 때 묻지 않은 자연이 만든 그대로의 모습이 두드러진다. 여느 섬에서 흔히 볼 수 있는 펜스나 데크길 하나 조성되지 않음은 물론이고 손바닥만 한 밭 몇 조각을 제외하고는 마을을 조금만 벗어나도 거리낌 없이 자라난 초지가 구릉을 타고 펼쳐진다.

마을은 폐가가 반이며 나머지 반도 예전의 모습을 그대로 간직하고 있다. 섬은 주 소득원인 미역채취 때를 제외하고는 허전한 느낌이 들 만큼 적막하다. 상주하는 주민들의 일이라야 텃밭을 가꾸는 수준의 농사와 톳, 김, 청각 등을 채취하고 고기를 잡아 파는 것이 고작이다.

맹골도의 북쪽 해안은 해식애가 발달해있다. 여객선이 곽도를 거치고 맹골도에 닿기 전에 해안지형의 백미라는 시 아치를 관찰할 수 있다. 캠핑은 민박과 식당이 없는 맹골도를 여행하는 좋은 방법이다. 특히 한두 명이 간소하게 찾아가 집중할 때 섬은 숨겨뒀던 비경과 인심을 꺼내 놓는다.

TRAFFIC

여객선

진도 팽목항 → 맹골도

- 하루 1회 운항 | 3시간 30분 소요
- 팽목 진도항-슬도-독거-탄항-혈도-죽항-청등-각흘도-하조도 창유항-서거차-상하죽도-곽도-맹골도-맹골죽도 노선을 하루 1회 왕복 운항

PLACE TO VISIT

사다리 바위

여객선을 타고 곽도를 지나 맹골도로 접근할 때면 갑판에 나와 해안지형을 유심히 살펴봐야 한다. 병풍처럼 꼿꼿이 선 맹골도의 해안침식지형 중 유난히 눈에 띄는 것이 아랫부분에 구멍이 뚫려 마치 사다리를 걸어 놓은 듯한 모양을 한 시아치다. 관매도의 사다리 바위는 시 아치의 전형적인 형태로 평가받고 있다.

곽도

미역 곽(藿)자를 써서 이름 그대로 미역 섬이다. 맹골도의 왼편에 자리하고 있으며 맹골군도의 유인도 중 그 크기가 가장 작다. 할머니 세 분만이 상주하고 있으며 임산부를 비롯한 여성들에게 좋은 자연산 미역이 생산된다고 하여 '여자의 섬'으로도 불린다. 섬 전체가 깎아지는 듯한 암석 해안을 두르고 있고 몇 안 되는 가옥들이 섬 능선의 평지, 돌담을 사이에 두고 비좁게 들어서 있다. 섬으로 가는 길은 매우 불편하지만, 낚시 포인트로 유명해 사계절 많은 낚시꾼이 찾아든다.

맹골도 마을

사다리바위

ACTIVITY

트레킹

트레킹 코스라고 해봐야 마을을 중심으로 죽도 방향의 북서쪽 해안길과 곽도가 훤히 내려다보이는 남동쪽 끝 지점까지의 능선길이 고작이다. 한 번에 걸어도 좋고, 이른 아침에는 곽도 방향으로 또, 늦은 오후에는 죽도 방향으로 나눠 걸으면 일출과 일몰의 환상적인 분위기를 느낄 수 있다.

섬길 코스 (4km | 2시간)
마을–북서 해안 끝–마을–남동 끝 능선 마루–마을

캠핑

마을 위쪽에 있는 헬기장에서 좀 더 해안 쪽으로 접근하면 무인도 명도가 훤히 내려다 보이는곳에 초지가 형성돼있다. 풀이 제멋대로 자라 있고 바닥 또한 고르지 못함에도 섬에서는 유일하게 텐트를 칠 수 있는 공간이다. 인공적 요소가 전혀 없고 전망이 압도적이지만 주변 환경이 거칠고 바람이 센 편이라 캠핑초보자는 삼가야 한다.

맹골도 거북손

맹골도 캠핑

FOOD

돌김

맹골군도의 돌김은 상품으로 만들었을 때 이불처럼 두껍고 커서 덮을 수 있다고 하여 이불 김으로 불린다. 갯바위 등에 자생하는 돌김은 썰물 때 채취하여 엮은 발에 사각 모양으로 말린다. 주로 겨울에서 이른 봄에 수확하며 섬 주민들은 국에 넣어 끓여 먹기도 한다. 고소하고 달짝지근한 맛이 나는 것이 특징이며 일반 재래 김보다 식감이 있고 구우면 바삭하다.

거북손

섬사람들은 보찰이나 공룡발톱으로 부르기도 한다. 바닷가 갯바위 틈새에 군락을 이뤄 자생하며 해안에서 멀리 떨어질수록 알이 굵다. 칼이나 꼬챙이를 사용 뿌리부터 채취해야 하며 주로 삶아 먹거나 알맹이를 내어 무침 반찬으로 상에 올린다. 통통한 몸통의 껍질을 제거하면 속살이 나오는 데 식감은 찰지며 부드럽고 전복과 소라의 중간 정도로 맛이 매우 좋다.

STAY

상시 운영되는 민박은 없으나, 마을회관 등을 이용 숙박이 가능하다. (이장에게 문의)

맹골도 돌김

REFERENCE SITE & PHONE NUMBER

여행 문의

- 임천동 이장 (010-8548-5211)

교통

- 해광 운수 (061-283-9915)
- 섬사랑9호 선장 (010-4012-9355)

맹골도 해안 초지

맹골도 해안절벽

몽덕도 해돚이

061 맹골죽도

먼 길 발걸음이 소중한 추억으로

맹골군도에 속해있으며, 신안의 만재도와의 사이에 망망대해가 펼쳐놓은 진도군의 끝 섬이다. 죽도는 선착장 부근 단 하나의 마을을 제외하고는 섬 전체가 자연 덩어리 그 자체다. 오래전 이곳의 주민들은 바닷일과 더불어 고구마와 보리 등의 농사를 짓고 살았다. 하지만 지금은 대부분 연로하여 밭을 가꾸고 수확하는 일은 엄두조차 내기가 어려운 실정이 되었다. 그런 섬마을에 새로운 집들이 들어서기 시작했다. 섬에서 노후를 보내려는 지역 출신들이 많아진 탓이다. 그 덕에 펜션과 민박도 생겨났다. 워낙에 멀고 작은 섬이다 보니 걷기길이라 해야 마을과 등대로 이어지는 능선이 전부다. 대충 돌아본다면 두세 시간으로 넉넉할 섬이지만 하루 한 번만 여객선이 다니기 때문에 당일로는 여행할 수 없다.

종탑

오지를 좋아하는 여행자에게 맹골군도의 섬들은 분명 매력적이다. 죽도에는 마치 굴업도의 개머리언덕을 연상시키는 바다를 향해 뻗어난 돌출 지형이 있다. 섬사람들은 재넘취라 부르지만, 그들조차 발길을 끊은 지 오래다. 풀숲에 뒤덮인 섬길은 오래전 그곳에 있었던 밭을 향해있다. 지금은 자연의 차지가 된 섬 삶의 흔적을 찾아보는 여행도 의미가 있다.

죽도 미역국

TRAFFIC

여객선

진도 팽목항 → 맹골죽도

- 하루 1회 운항 | 3시간 35분 소요
- 팽목 진도항-슬도-독거-탄항-혈도-죽항-청등-각흘도-하조도 창유항-서거차-상하죽도-곽도-맹골도-맹골죽도 노선을 하루 1회 왕복 운항

PLACE TO VISIT

재넘취 해넘이

종탑과 등대가 있는 능선에서 바라본 재넘취의 해넘이는 압도적 풍광을 자랑한다. 혹자는 우리나라에서 가장 아름다운 낙조라 평했다. 망원으로 당겨서 찍기보다는 재넘취의 독특한 지형과 망망대해, 붉은 하늘의 그러데이션이 모두 나오도록 촬영하는 것이 좋다.

참새바위

죽도 북동해안 등대가 있는 해안절벽 아래에 형성된 시 스택으로 홉사 부리를 가진 참새를 닮아 붙여진 이름으로 '등대를 사모한 참새'라 불리기도 한다. 시 스택은 침식으로 해안과 떨어져 형성된 바위를 뜻하며 참새바위는 본 섬의 해식애와 어우러져 매우 아름다운 경관을 보여준다. 낚싯배로 해안을 돌거나 여객선을 타고 섬에서 나올 때 관찰할 수 있다.

PHOTO SPOTS

죽도등대

죽도등대는 1907년 세워졌으며 해방 무렵 폭격으로 파괴된 후 몇 번의 개축을 거쳐 현재의 모습이 되었다. 인천과 목포항 등에서 동중국해나 제주를 오가는 화물선은 맹골군도 부근을 지나게 되는데 등대는 그 길목에서 여전히 중요한 역할을 맡고 있다. 과거에는 유인 등대로 섬 주민의 애환과 함께하였지만, 2007년 지킴이들이 떠나고 무인 등대로 남겨지게 되었다.

종탑

1950년대에 제작된 맹골 죽도 무종(안개종)은 종소리로 선박에 항로 위치를 알려주는 역할을 해왔다. 등대 무인화와 해양장비 발전의 영향으로 2013년, 국립등대박물관에 기증되었다가 2019년, 제자리인 종탑에 돌아와 걸렸다.

ACTIVITY

트레킹

워낙에 작은 섬이라 트레킹을 할 만한 코스는 없다. 선착장에서 등대까지의 500m가 섬길의 전부라 봐도 무방하다.

캠핑

종탑과 등대 사이의 능선과 그 아래쪽에 있는 옛 관사 터에서 캠핑이 가능하다.

맹골죽도 전경

죽도 해안

FOOD

자연산 돌미역

예로부터 임금님에게 진상되었던 최상품 미역으로 일명 조도각으로 불린다. 7~8월 일정 동안만 채취하여 자연 해풍으로 건조하는 것을 원칙으로 한다. 맹골군도의 자연산 돌미역은 거친 파도를 맞으며 자생하기 때문에 식감이 꼬들꼬들하며 끓인 후에도 흐물거리지 않는다. 최소 맹골군도에 주소를 두고 있는 사람만이 미역 채취의 자격이 있으며 이들은 정월이면 한데 모여 썰물에 드러난 바위를 청소, 미역이 잘 붙도록 '갯닦이'라는 작업을 한다. 그런 정성으로 맹골군도산 자연산 돌미역은 한 뭇에 (20장) 60~90만원을 호가한다.

STAY

현대식 건물로 지어진 민박과 펜션이 있다. 주 고객은 낚시꾼들이며 직접 배를 가지고 있거나 알선도 해준다. 7월 미역 철만 피한다면 언제든 여유 있는 여행을 즐길 수 있다.

죽도 돌김

REFERENCE SITE & PHONE NUMBER

여행 문의

- 임천동 이장 (010-8548-5211)

교통

- 해광운수 (061-283-9915)
- 섬사랑9호 선장 (010-4012-9355)

숙박

- 임복식민박 (010-8245-3629)
- 황석례민박 (010-5684-3579)

참새바위

전남 완도군

보길도
소안도
청산도
여서도
생일도
평일도
금당도

062 보길도

윤선도처럼 질펀하게 놀아보기

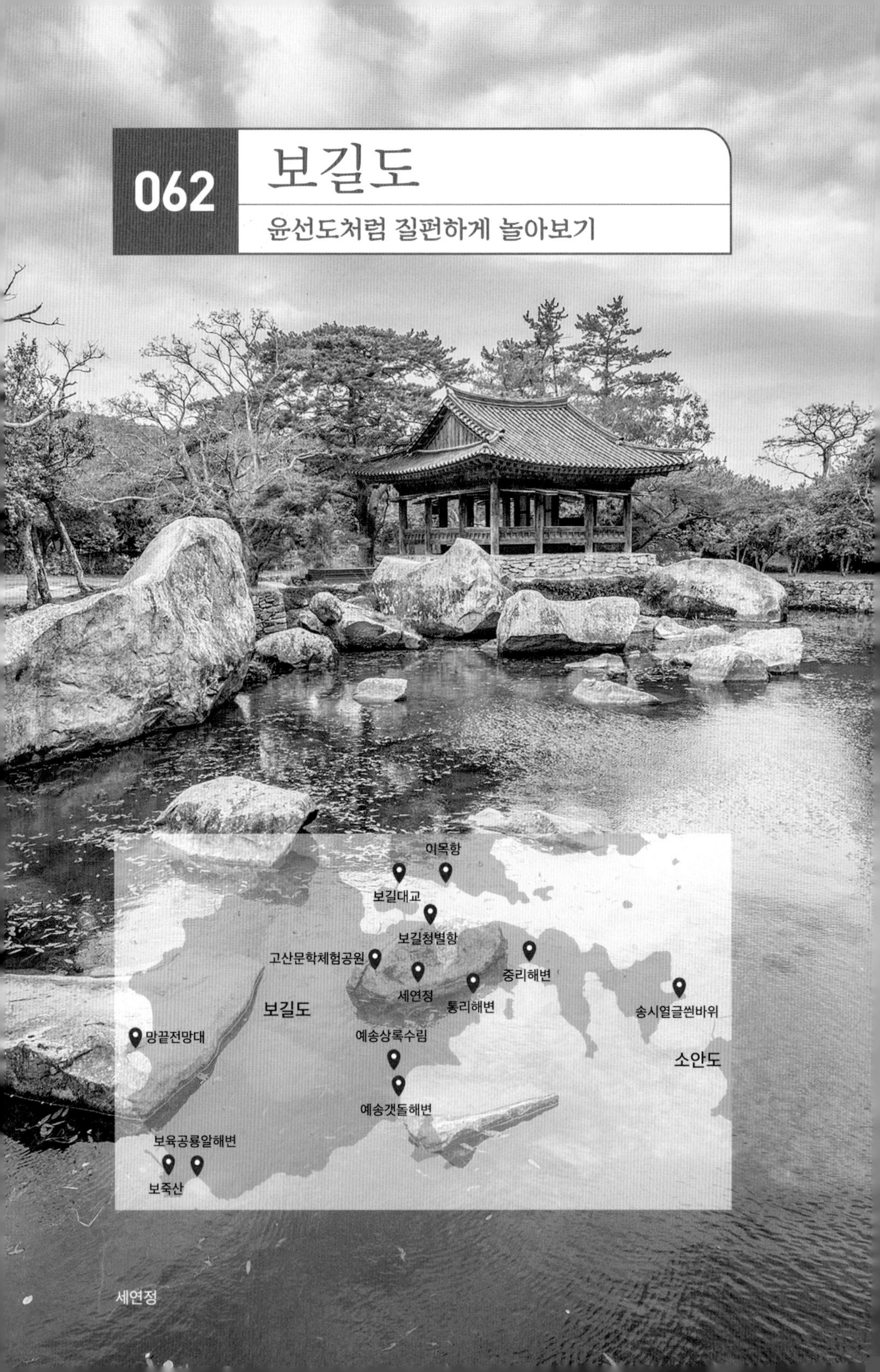

세연정

보길도를 여행하기 위해서는 완도 화흥포항 또는 해남 땅끝 갈두항에서 출항하는 여객선을 타고 노화도에서 하선(화흥포-노화 동천, 갈두-노화 산양) 후, 다시 보길대교를 건너야 한다.

노화도는 윤선도의 노비들이 거주하며 개척한 섬이라 알려져 있다. 관광지로의 명성은 보길도가 훨씬 위에 있지만, 노화도가 주민 수도 많고 상대적으로 나은 행정, 편의, 교육 환경을 갖추고 있다.

보길도는 같은 완도군의 청산도와 비슷한 크기다. 높이 425m의 적자봉을 중심으로 면적 대부분이 산지로 이루어져 수많은 산행과 트레킹 코스를 가지고 있다. 또한, 취락은 봉우리와 봉우리 사이의 낮은 골짜기와 해안가 쪽으로 발달해있는데 부황리의 '윤선도원림' 일대는 산으로 둘러싸인 천혜의 별유천지를 이룬다.

보길도 여행은 윤선도의 자취를 떼어내면 그 의미가 반감된다. 세연지, 세연정, 낙서재, 곡수당, 동천석실 등이 있는 윤선도 원림(명승 34호, 2008년 지정)은 반드시 들려봐야 할 보길도 여행의 필수코스다.

보길도에는 일주도로가 없다 하지만, 이어지지 않은 예송-보옥 구간을 제외하면 다채로운 절경과 함께 해안 드라이빙을 즐길 수 있다. 굴곡이 심하고 거친 섬 허리를 지나는 서북해안도로에서는 넙도가, 해변과 같은 높이의 남동해안도로는 소안도와 당사도가 조망된다.

여름휴가철이 아니라면 보길도 여행은 차량을 동반하는 것이 편리하다. 자유로운 일정과 풍부한 여정을 만들 수 있다.

동천석실

TRAFFIC

여객선

완도읍 화흥포항 → 노화 동천항

■ 하루 11회 운항 | 30분 소요

해남 땅끝(갈두항) → 노화 산양항

■ 하루 12회 운항 | 26분 소요

PLACE TO VISIT

망끝 전망대

보옥리 북쪽 1.5km 지점, 해안도로가 지나는 절벽 위에 자리하고 있다. 지도상에서 보면 보길도의 서쪽 끝 점이다. 옥매, 갈도, 상도 등의 무인도가 지척에 있고 남쪽으로는 횡간도와 추자도가 또렷하게 조망된다. 이곳에는 파도를 상징하는 벤치 위에 영문 BOGIL을 조합한 구조물이 설치되어있다. 일몰을 배경으로 벤치에 앉아 단체 사진도 찍을 수 있는 멋진 포토존이다.

세연정

보길도에 정착한 윤선도가 세연정을 지은 것은 연회장으로 쓰기 위함이었다. 물가에 정자를 짓고 그 주변으로 연못을 조성했다. 술과 음악 풍류를 즐기기에 더할 나위 없는 그만의 놀이터였다. 세연정은 담양의 소쇄원, 영양의 서석지와 함께 조선시대 3대 정원으로 손꼽힌다. 경내의 곳곳이 고풍에 가득 차 있지만, 특히, 연못에 반영된 세연정의 모습이 더욱 신비롭게 느껴진다.

PHOTO SPOTS

예송리 갯돌해변

둥글납작한 갯돌이 1.4km나 펼쳐져 있는 예송리 갯돌해변은 예나 지금이나 보길도 최고의 휴양지다. 그리고 해변 둘레에는 여름에는 시원한 그늘을 만들어주고 겨울에는 방풍림 역할을 하는 상록수림(천연기념물 제40호)이 펼쳐져 있어 평온함마저 느끼게 한다. 예송리 해변에서 불과 400m 건너편에는 예작도란 작은 섬이 있다. 이 섬의 감탕나무는 수령 300년의 천연기념물이다. 예송리와 예작도는 해상진입로로 이어질 전망이다.

공룡알해변

보옥리 마을 샛길을 따라 바다로 내려가면 해변을 가득 채운 몽돌들을 보게 된다. 마치 공룡무리가 알을 잔뜩 낳아놓은 듯, 그것들은 크고 또 둥글둥글하다. 공룡알해변이란 이름은 그래서 생겨났다. 해변 뒤편으로는 동백숲이 조성돼있다. 거친 바람에 가지들이 제멋대로 휘어졌다. 이곳의 바람은 유독 거칠고 세다. 세련되기보다는 투박함에 가까운 풍광이 태고를 연상시킨다.

송시열 글씬바위

보길도의 동쪽 끝 해안절벽에는 송시열이 썼다는 글씨가 새겨져 있다. 윤선도가 스스로 보길도에 정착하고 호화로운 생활을 즐겼다면 송시열은 제주도로 향하는 유배길에 풍랑을 만나 이곳에 머물렀다. 현재 글씨는 많이 훼손되어 형태를 알아보기가 쉽지 않다. 하지만 주변 백도리의 풍광이 너무도 아름다워 보길도 여행에서 꼭 다녀와야 할 명소로 꼽힌다.

ACTIVITY

트레킹

코스별 탐방로

■ 1코스 (9km | 5시간)
보길파출소-큰길재-수리봉-격자봉-뽀래기재-보옥리

■ 2코스 (6km | 3시간)
곡수당-큰길재-수리봉-격자봉-뽀래기재-보옥리

■ 3코스 (6km | 3시간)
예송리-큰길재-수리봉-격자봉-뽀래기재-보옥리

■ 4코스 (어부사시사명상길 | 5.2km | 3시간 30분)
보옥리-예송리

종주 코스 (9km | 6시간)
망끝전망대-망월봉(364m)-뽀래기재-격자봉(적자산, 430m)-수리봉(406m)-큰길재-곡수당-낙서재-세연정-청별항

캠핑

가장 많이 이용하는 곳은 예송리 갯돌해변이다. 특히 성수기에는 많은 여행객이 이곳에 텐트를 펼친다. 중리, 통리 해변은 시설이 미흡하고 해변에 어구들을 늘어놓아 캠핑환경이 열악하다. 또한 공룡알해변은 캠핑금지 구역이다. 차박은 고산윤선도문학체험공원과 중리해변, 보옥항 부근이 비교적 안락하다. 식재료는 노화전통시장, 하나로마트 노화보길점 등에서 편리하게 구입할 수 있다.

공룡알해변 보족산

FOOD

보옥민박의 15첩 백반은 여행자들에게 유명하다(10,000원). 완도군청 및 읍, 면사무소를 비롯해 각 기관 등 직장인 670여 명이 참여한 '2020 추천하고 싶은 완도 식당 설문조사'에서 보길도 세연정식당의 간장게장과 노화도 만물회관의 젓국이 선정됐다.

보길도에 비해 노화도에 식당, 치킨집, 중국집, 전복판매점 등이 월등히 많으며 보길대교 건너기 직전의 이목항에 집중해있다.

- 노화전통시장 : 노화도나 보길도의 식당들은 대부분 전복이나 기타 어패류를 취급한다. 솜씨도 좋아 다양한 요리를 골고루 맛볼 수 있다. 하지만 가격이 비싸다는 단점이 있다. 노화전통시장은 원하는 만큼 소량으로 생물을 구할 수 있는 곳이다. 토종홍합, 참소라, 뿔소라, 가리비, 해삼 등을 kg에 7,000~15,000원 사이에 판다. 단 전복은 생산자가 직접 운영하는 가게에서 사는 것이 가장 저렴하다.
- 바위섬 (전복요리, 생방송투데이 1120회)
- 구절초시인과전복신랑 (전복, 6시내고향 6865회)

STAY

민박에서 리조트급 펜션까지 취향과 예산에 맞춰 숙소를 선택할 수 있다.

보옥마을

노화 전통시장

예송리 갯돌해변

REFERENCE SITE & PHONE NUMBER

주요 기관 & 여행 안내

- 보길도 예송마을 (yesong.invil.org | 061-553-5899)
- 보길면사무소 (061-550-6620)
- 보길도윤선도유적 (061-550-5151)

교통

- 보길택시 (061-553-8876 | 010-8458-5832 | 010-3193-8846 | 010-6796-1300)

음식

- 세연정식당 (회, 전복, 게장 | 061-553-6782)
- 만물회관 (젓국 | 061-553-5510)
- 예송수산 (전복, 생선회 택배 포장 | www.yesongsoosan.com | 0507-1448-6333)

숙박

- 블랙스톤펜션 (blackstonepension.co.kr | 061-554-1009)
- 그섬애 (onthatisland.com | 061-552-0010)
- 보길도 서울리조트 (blog.daum.net/kimjms8215 | 010-5317-1177)
- 보길도황토한옥펜션 (www.bogilhouse.mireene.com | 010-4628-6370)
- 보옥민박 (백반 | 061-553-6650)

망끝전망대

송시열 글씐바위

063 소안도

가족과 함께 떠나는 섬 역사 기행

오래전, 소안도는 제주를 오가기 위해서는 반드시 거쳐야 하는 길목과 같은 섬이었다. 제주권을 벗어난 바다가 워낙 거칠고 험했기 때문에, 뱃사람들이 이곳 섬에 도착한 후에야 비로소 안심했다는 데서 '소안'이란 이름이 유래되었다. 소안도는 남북의 두 섬이 길이 1.3km, 폭 500m의 사주로 연결되어있는 모습을 하고 있으며 주민 수가 2,500명(2020년 11월)이 넘고 면적은 여의도 3배 크기에 달한다.
소안도는 일제강점기 북청, 동래와 더불어 3대 항일 운동지로 꼽히는 곳으로 수많은 애국지사를 배출했던 '항일의 땅', '해방의 섬'이다. 당시 섬 주민들은 독립운동을 하다가 투옥된 애국지사들과 고생을 함께하자는 의미로 한겨울에도 이불을 덮지 않았다고 한다. 그 뜻을 기리기 위해 지금도 집마다 매일같이 태극기를 걸어놓고 있으며, 완도 화흥포항에서 섬을 오가는 여객선 3척의 이름조차 대한호, 민국호, 만세호로 지었다.
가학산이 중심에 버티고 선 사주의 남쪽 지역은 일주도로로 순환된다. 때문에 길만 따라가면 맹선리상록수림, 물치기미 전망대, 미라리해변 등 섬의 명소를 차례대로 만날 수 있다. 화려하지는 않지만 편안하게 쉬고 걸으며 힐링할 수 있는 장소들이다.
소안도에는 총 15개의 마을이 있다. 비자리는 소안항에서 가장 가까운 마을로 섬의 중심지 역할을 한다. 할인마트는 물론 식당, 여관, 주유소, 카센터, 병원 등의 편의시설은 모두 이곳에 있다. 하지만 섬마을의 예스러움은 중심에서 멀어질수록 또렷해지기 마련이다. 진산해변 부근의 서중리는 옛 돌담을 고스란히 유지하고 있으며 그 외에도 섬 삶의 흔적이 남아있는 어촌 마을이 해안 가까이 자리하고 있다.
때론 경건함도 여행의 테마가 된다. 역사는 여행을 풍요롭게 해주는 요소 중 중요한 하나다. 여객선의 이름, 늘어선 태극기의 경건함 때문에라도 소안도의 특별한 역사는 여행자의 가슴에 재차 새겨지게 된다. 우리가 섬에서 얻고자 하는 것이 있다면, 섬도 우리에게 들려주고 싶은 이야기가 있다.

물치기미 낙조

소안도 해안 캠핑

TRAFFIC

여객선

완도읍 화흥포항 → 소안항

- 하루 12회 운항 | 55분 소요

셔틀버스

완도 공용터미널 → 화흥포항

- 하루 12회 운행, 여객선 출항 20~30분 전 출발 | 15분 소요

PLACE TO VISIT

구계등

화흥포항에서 차량으로 5분 거리에 있는 국가명승지로, 몽돌해안과 그것을 둘러 펼쳐진 상록수림이 비경을 자랑한다. 구계등이란 명칭은 태풍에 파도가 높아지면 몽돌이 바닷속까지 잠겼다가 나오기를 반복, 9개의 계단을 만들었다는 데서 유래되었다. 소안도를 들어가기 전이나 나온 후 잠시 들러본다면 여정이 더욱 풍족해진다.

소안항일운동기념관

소안도 출신의 애국선열들과 항일투쟁의 역사를 교훈으로 남겨주기 위하여 2003년 건립하였다. 일제강점기 독립유공자 20인의 얼굴 조각을 전시해 추모하고 있으며 항일운동 관련 영상을 상영하고 있다. 또한, 사립소안학교에서 사용한 교과서, 신문기사 등 당시의 유물이 전시되어 섬의 역사, 문화를 이해하는 데 도움이 된다.

맹선리상록수림

해안가 언덕에는 폭 25m, 길이 300m의 규모의 맹선리상록수림(천연기념물 제340호)이 자리하고 있다. 팽나무, 후박나무, 생달나무를 비롯한 21종 245그루의 나무들이 방문객을 맞이한다. 오랜 수령과 난대성 식생을 자랑하는 숲은 예로부터 방풍림의 기능과 함께 바닷고기들을 숲 그늘 가까운 곳으로 유인하는 어부림의 역할을 겸하고 있다.

미라리해변

미라리상록수림(천연기념물 제339호)이 둘러싸고 있는 미라리해변은 섬의 대표적 휴양지다. 오랜 세월 바닷물에 씻겨 둥글 매끈하게 다듬어진 맥반석 몽돌이 곱게 깔리고 U자 형태로 만입된 바다가 호수처럼 고요해서 4계절 많은 관광객이 찾아든다. 미라리는 물과 인심 그리고 마을 사람들의 인물이 좋다 해서 붙여진 이름이다.

태극기 부표

소안항에서 멀지 않은 곳에는 담수호가 있다. 본디 철새 도래지며 고니의 월동 안식처로 알려진 이곳에는 그물에 2,400여 개의 부표를 매달아 만든 18m, 세로 12m의 대형 태극기가 떠 있다. 2015년 전라남도의 '가고 싶은 섬'으로 선정된 소안도의 섬 브랜드화를 위한 프로젝트의 결과물이다.

PHOTO SPOTS

물치기미 전망대
소안도에서 낙조가 가장 아름다운 곳이다. '기미'란 안으로 오목하게 패여 들어간 해안지형을 뜻한다. 전망대에서는 가까운 보길도, 예작도, 당사도는 물론 추자도의 모습까지 또렷하게 조망된다. 특히 겨울 해는 정확히 추자도 너머로 떨어진다. 아스러지는 시간을 뒤로하고 황급히 전복밭을 빠져나와 물꼬리를 남기며 사라지는 양식선도 근사한 촬영 소재다.

서중리 돌담
마을의 지붕과 벽체들이 비록 낡고 해어졌지만 부지런한 주민들의 터전은 적어도 몇십 년 동안은 끄떡없이 버텨왔다. 돌담이 있었기에 가능했던 일이다. 해풍의 상처가 자작한 돌담에는 고단했던 주민들의 이야기가 새겨져있다.

구도
화흥항에서 여객선을 타고 소안도로 향하다 보면 노화도와 다리로 연결된 작고 예쁜 섬을 만나게 된다. 비둘기가 많아 구도라 불리게 된 이 섬은 소안 바닷길을 오갈 때 놓치기 아까운 촬영 포인트다.

구도

ACTIVITY

트레킹

소안섬길 (7.9km | 3시간)
소안항–비자리–비동마을–북암마을

가학산 등반 코스 (4.8km | 3시간)
운동장약수터–등산로입구–잔디밭쉼터(퍼걸러)–학운정(팔각정)–가학산정상–수원지삼거리–데크계단–해도정(팔각정)–맹선재–서중리해안도로(퍼걸러)

대봉산 등반 코스 (5.2km | 3시간 40분)
비동리–청리끝약수터–300m우측–성터–검은산–헬기장–대봉산–헬기장–제골재삼거리–북암재삼거리–장닭발삼거리–예비군훈련장–청리끝약수터

아부산 트레킹 (1.6km | 40분)
아부산 들머리–거북바위–아부산정상–아부산 들머리

라이딩
(29km | 2시간)

소안항–개매기마을–북암리선착장–개매기마을–이목리마을회관–소안항일운동기념관–가학리마을회관–맹선리상록수림–물치기미전망대–서중리사무소–소진산장로교회–진산해변–소진포구–소진리회관–진산해변–진산보건진료소–미라리상록수림–미라해돋이쉼터–소안항일운동기념관–소안항

캠핑

섬 내에 공식 캠핑장은 없다. 하지만 개별 캠핑이라면 진산해변과 미라리해변에서 소규모로 가능하다. 미라펜션을 예약하면 운동장에서 보다 편하게 캠핑을 즐길수 있다.

FOOD

중국집이 많은 편이다. 대부분 여행객들의 평가가 좋다. 신신원은 서울 인사동에서 중식당을 운영하던 사장이 고향으로 내려와 개업한 식당이다. 대개의 식당은 평이한 수준이며 섬의 특성상 여러 메뉴를 섞어 파는 경우가 종종 있다. 전복은 소안초등학교 부근에 있는 소안수협수산물위판장과 바다로수산 등이 가격을 공시하고 소량으로도 판매한다.

STAY

비자리에는 여관이, 미라리해변 부근에는 펜션과 민박이 집중돼있다. 섬 내의 숙소는 총 30여 곳에 달하며 그중 폐교를 리모델링한 소안미라펜션이 가장 인기가 있다.

미라리상록수림 | 미라리해변

REFERENCE SITE & PHONE NUMBER

주요 기관 & 여행 안내

- 소안면사무소 (061-550-6541)
- 소안항일운동기념관 (061-552-0516)
- 화흥포항 (061-555-1010)

음식점

- 신신원 (중식당 | 옛날짜장/부추간짜장 | 061-554-8854)
- 짜짜루 (짜장면/소머리국밥 | 061-553-5073)
- 상록수식당 (짜장면 | 061-553-7414
- 소안도맛집 (갈비살/삼겹살 | 061-555-9966)
- 청해식당 (아구찜 | 061-552-0689)
- 동창식당 (생선회/낙지탕탕이 | 061-553-7564)
- 바다로수산 (전복 판매 | 061-552-4913)

숙소

- 소안미라펜션 (061-552-4711.kti114.net | 061-552-4711, 010-7136-4711)
- 소안그린펜션 (010-8070-1259)
- 동남펜션 (010-3607-7938)
- 미소펜션 (061-555-3667)

소안도마을 태극기 | 태극기 부표
소안학교 | 소안항일운동기념탑

064 청산도

섬 여행 1년 차 전공필수

신흥해변

누가 뭐래도 청산도는 완도군을 대표하는 섬이다. 완도여객선터미널에서 청산도항까지는 45분, 사람이든 차량이든 북적이는 주말과 휴가철만 아니면 원하는 시간에 건너갈 수 있을 만큼 운항 횟수도 많다. 청산도항에 도착하면 여행객들은 계획된 여정을 한 번 더 점검하게 된다. 방문자센터에서 관광지도를 얻고 마트에서 필요한 식자재를 구입한다. 아니면 늘어선 식당에 들어가 일단 먹고 시작해도 좋다. 청산도는 2007년 담양 창평, 장흥 유치, 신안 증도 등과 함께 아시아 최초로 슬로시티에 지정되었고 2018년에 재인증을 받았다. 슬로길은 섬사람들이 마을과 마을 사이를 오가던 옛길을 복원한 것이다. 완주의 성취감보다는 마음이 당기는 길을 걸으며 섬 생활의 풍류와 아름다운 자연을 느껴보자는 취지다.

걷기 길 다음엔 해변이다. 청산도는 총 3곳의 특색있는 해변을 가지고 있다. 송림이 아름다운 지리청송해변, 청아한 소리의 진산리 갯돌해변, 풀등이 생겨나는 신흥리해변이 그것이다. 해수욕장으로의 여건은 다소 떨어지지만, 돌담 마을과 구들장 논 등 또 다른 볼거리가 있어 아쉬울 틈이 없다.

봄이 되면 서편제 가락이 울려 퍼졌던 당리언덕과 도락리포구까지는 노란 유채꽃과 넘실대는 청보리의 차지다. 하얀색의 〈봄의 왈츠〉 세트장 또한 지나칠 수 없는 스폿이다. 봄 유채꽃, 여름 해바라기, 가을 코스모스 등 계절마다 꽃을 바꿔가며 관광객을 유혹한다.

고인돌 하마비

TRAFFIC

여객선
완도항 → 청산도항
- 하루 6회 운항 | 50분 소요

공용버스
청산도항 → 신흥리
- 하루 4회 운항 | 20분 소요

버스투어
- 40분 간격 운행

PHOTO SPOTS

당리언덕
청산도를 찾아온 여행객의 대부분이 가장 먼저 들리는 곳이다. 영화 서편제와 드라마 봄의 왈츠의 촬영장 그리고 사계절 만발한 대단지 꽃밭을 배경으로 인증샷을 남겨보자. 도락리 바다 위의 하트 독살(개매기), 초분 등도 놓치지 말아야 할 촬영 포인트다.

청송지리해변 / 진산리 갯돌해변
청송지리해변은 1km가 넘는 백사장 뒤로 수령 200년 이상의 해송이 들어서 있는 청산도의 대표적 낙조 촬영지라면 진산리 갯돌해변은 해돋이 명소다. 나무와 나무 사이를 붉게 물들이며 잠겨가는 태양, 갯돌을 물들여 가는 오렌지빛 아침 햇살에 주목한다면 괜찮은 사진을 얻을 수 있다.

청산도 당리언덕

PLACE TO VISIT

범바위

범의 형상을 닮았다는 청산도 남쪽에 있는 바위다. 바위 앞에서는 강한 자기장이 발생해 나침판이 무력해지거나 휴대전화 배터리가 눈에 띄게 줄어드는 현상이 벌어지기도 한다. 또한, 우리나라에서 자연상태의 음이온이 가장 많이 방출되는 바위로 알려져있다.

고인돌 / 하마비

읍리마을에 보존되고 있는 청동기시대의 무덤 양식 지석묘는 밑에 기둥이 없는 남방식 고인돌로, 3기가 원형 그대로를 유지하고 있다. 그리고 하마비 뒷면에는 음각 마애불이 새겨져 있는데 재래신앙과 불교가 융합된 것으로 풀이된다. 지위가 높은 사람도 하마비 앞에서는 말에서 내려야 한다는 속설이 전해진다.

향토역사문화전시관

향토역사문화전시관은 일제강점기에 지어진 옛 면사무소 건물을 리모델링한 건축물로 '2012 제7회 한국농어촌건축대전'에서 대상을 차지했다. 특히 청산도의 돌을 자재로 사용한 외벽은 그대로 유지하고 천장은 제거해 목조 지붕구조물을 고스란히 드러나게 했다. 이곳에서는 청산도의 자연과 생활상을 주제로 한 작품들이 주로 전시된다.

구들장논

구들장논은 바닥에 돌을 온돌의 구들처럼 깔고 그 위에 흙을 덮어 만든 자투리 논이다. 논바닥 아래에 통수로를 만들어 흘려보낸 물로 아래 논을 채우는 특징을 가지고 있다. 구들장논은 국가중요농업유산 1호로 지정되었는데 급한 경사지에 물 빠짐이 심한 토양 등 척박한 자연환경을 극복한 역사적 사례였다는 점에서 높이 평가된다.

청산파시문화거리

청산도항은 1930년대부터 70년대까지 삼치와 고등어 파시가 열려 여름철이면 수십 척의 어선이 몰려들어 성황을 이루었다. 안통길로 불리는 청산도항의 뒷골목은 그 시절의 생활문화를 재현 기록해 두고 있다.

구들장논
당리 유채꽃

ACTIVITY

트레킹

청산도 슬로길

- 1코스 (5.7km | 1시간 30분)

도청항방문자센터-도청리쉼터-갤러리-도락리안길-동구청-도락노송길-당리입구(서편제촬영지)-봄의왈츠드라마세트장-화랑포갯돌밭입구(삼거리)-연애바위입구

- 2코스 (2.1km | 50분)

연애바위입구-모래남길(당리재)-읍리앞개

- 3코스 (4.5km | 1시간 30분)

읍리앞개-서편제촬영가옥-청산진성계단-읍리안길-고인돌공원-청룡공원-읍리해변방파제

- 4코스 (1.8km | 40분)

읍리해변방파제-바람구멍-따순기미-권덕리해변-권덕리마을회관

- 5코스 (5.5km | 2시간 10분)

권덕리마을회관-권덕리삼거리-낚시터입구-말탄바위-범바위-범바위주차장

- 6코스 (5km | 1시간 20분)

청계리중촌들샘-다랑치길(다랭이길)-신풍리마을회관-부흥리숭모사-양지리구들장논-느린섬여행학교입구-배롱나무뚝방길

- 7코스 (6.2km | 2시간 10분)

상서돌담마을-돌담길/소막-동촌길돌담길-동촌리할머니나무-1박2일촬영지-신흥리풀등해변정자쉼터

- 8코스 (4km | 1시간 20분)

신흥리풀등해변-성산포보리마당-노적도일출전망대-진산리갯돌해변-진산천-정골꼬랑(상수원입구)

- 9코스 (3.2km | 1시간)

정골꼬랑(상수원입구)-국화리입구-오천기미입구-진짝지입구-지리청송해변입구

- 10코스 (2.6km | 50분)

지리청송해변입구-지리청송해변-고래지미-도청들녘-도청리뒷등길

- 11코스 (1.2km | 20분)

도청리뒷등길-사장개-청산지역아동센터-안통길-향토역사문화전시관-도청항방문자센터

등산로

- 1-A코스 (9Km | 4시간 30분)

도청리-청산중학교진입로-선음약수터-대선산-고성산-동부재-보적산-범바위-권덕리

- 1-B코스 (7Km | 3시간 30분)

도청리-청산중학교 진입로-선음약수터-대성산-대봉산-오산-보리마당쉼터

- 2코스 (4.5Km | 2시간)

청계리(또는 원동리)-매봉산-상서리재-상서리 또는 동촌리(험로)

- 3코스 (3Km | 1시간)

당리-구장리-보적산-청계리

라이딩
(42km | 3시간 30분)

도청항-당리언덕-연애바위-읍리앞개-고인돌공원-읍리반파재-권덕리마을회관-범바위-청계리중촌들샘-신풍리마을회관-배롱나무뚝방길-상서돌담마을-신흥리풀등해변-노적도일출전망대-진산리갯돌해변-국화리입구-지리청송해변-도청리뒷등길-향토역사문화전시관-도청항방문자센터

범바위

캠핑

청송지리해변의 해송 숲은 가장 안전하고 편안한 캠핑을 즐길 수 있는 장소다. 단 주차장에 차를 세우고 장비를 옮겨야 하고 공간이 넓지 않아 휴가철에는 자리를 잡는 데 어려움이 있다. 해변의 우측으로도 알파인텐트 두세 동 정도의 공간이 있고 포구에서 차박도 가능하다

진산리 갯돌해변은 갯돌이 비교적 작고 고르며 평편하게 놓여있어 두꺼운 매트리스 등 필요한 장비를 갖춘다면 어려움 없이 캠핑할 수 있다. 신흥해수욕장은 가장 아름다운 바다 뷰를 자랑한다. 차박지로도 나무랄 데가 없고 뒤편의 해송 아래에 텐트를 쳐도 좋다.

청산도항 방문자센터 옆에 있는 수산물어판장과 하나로마트에서 식재료를 살 수 있다. 또한 주말마다 열리는 '슬로시티 청산주말장터'에도 특별한 먹거리가 있다.

FOOD

청산도항 주변에 식당들이 몰려있다. 생선회나 전복, 매운탕 외에 기본 백반도 수준급이다. 수산물어판장 등을 통해 전복 등을 직접 사서 손질해 먹으면 비용을 절약할 수 있다. 섬에서 나는 해조류를 건조해 파는 하나로마트 로컬푸드 코너를 이용해보는 것도 방법이다.

신흥리 앞바다는 바닷장어의 보고다. 부근의 동천리 마을에는 직접 잡은 바닷장어로 구이나 장어탕을 요리해 주는 민박들이 있다.

- 청운식당 (전복해초비빔밥, 전복톳된장뚝배기 | 백종원의 3대천왕 82회)
- 청산도로컬푸드체험학습장 (청산도탕 | 생방송 오늘저녁 339회)
- 청산토방 (해산물요리, 물회 | 생방송투데이 2090회, 생생정보 311회)
- 막끌리네식당 (전복뚝배기, 김국, 물회 | 생방송 오늘저녁 583회, 해피투데이 13회)
- 섬마을식당 (전복뚝배기, 백반 | 생방송오늘저녁 1267회, 생생정보 795회)
- 해녀식당 (생선회, 멍게비빔밥 | 생방송오늘저녁 339회)
- 청산도전복나라 (전복 | 6시내고향 5753회)
- 청산빵굽네 (톳성게머핀, 미역카스테라, 마늘빵 | 6시내고향 7229회, 생생정보 442회)
- 올래식당 (전복회, 전복구이, 홍합찜 | 생방송투데이 2309회)

STAY

섬 내에 많은 숙박시설이 있지만 도락리에 있는 한옥 펜션들의 재방문율이 높은 편이다.
깨끗하고 전망이 수려하며 공간이 여유롭다.

진산리 갯돌해변 | 향토문화전시관

REFERENCE SITE & PHONE NUMBER

주요 기관 & 여행 안내

- 청산도 (www.cheongsando.net)
- 완도여객선터미널 (1666-0950)

음식

- 청산도 행복식당 (0507-1419-3511)
- 청운식당 (blog.naver.com/kmh8416 | 061-555-3598)
- 청산도올레펜션 (010-6688-7454.zmobile.kr | 010-6688-7454)
- 청산도로컬푸드체험학습장 (061-554-6962)
- 청산토방 (061-552-0031)
- 막끌리네식당 (061-552-8572)
- 섬마을식당 (061-552-8672)
- 해녀식당 (061-552-8547)
- 청산도전복나라 (061-552-8870)
- 청산빵꿉네 (061-555-0855)
- 올래식당 (061-552-0777)
- 소라민박식사 (동천리 | 장어탕, 장어구이 | 010-9327-8833)
- 섬이랑나랑펜션 (www.sumirang.com | 010-6865-7808)

숙박

- 에코펜션 (ecopension.net | 010-5190-7119)
- 흙사랑한옥펜션 (청산도흙사랑펜션.kr | 010-9246-6737)
- 빌리지펜션 (www.청산도빌리지펜션.kr | 010-9445-9345)
- 예그리나펜션 (www.yegrinapension.com | 010-3172-3887)
- 해랑달펜션 (sunandmoon.kr | 010-4329-1919

상서마을 돌담

동천마을

청산도 캠핑

청보리밭

065 여서도

남쪽 섬으로 튀어

완도항에서 여서도까지는 여객선으로 3시간 정도 소요된다. 직선거리로 따지자면 완도와 제주의 딱 중간지점에 있다. 예로부터 섬의 주변 해역은 파도가 거칠기로 유명했다. 물질하러 왔다가 돌아가지 못하고 여서도에서 평생을 살게 된 제주 해녀도 허다했다. '여서도에 가면 애 배야 나온다.'라는 말은 그렇게 생겨났다.
여서도 마을의 골목은 미로처럼 이어진다. 그리고 여름철 태풍과 한겨울 차가운 북풍을 피하려고 되도록 높은 담벼락을 쌓았다. 미로 같은 골목길이 높은 돌담으로 가려져 있기까지 하니, 방문객들은 앞을 예측하기 어려울 정도다.
여서도 바다는 유난히 파랗다. 갓 시집온 처녀가 물이 들까 봐 옷고름을 적셔봤다는 이야기가 전해질 정도다. 최근에는 170cm나 되는 돌돔이 이곳에서 잡혔다. 그래서 낚시꾼들은 여서도를 낚시의 천국이라고 말한다. 최근 여서도가 방송 등을 통해 알려지면서 기존의 낚시꾼뿐만 아니라 일반 관광객들도 섬을 많이 찾아오기 시작했다. 발길이 닿는 곳곳에는 섬이 겪어온 외로운 자취들이 남아있다. 봉수대, 요망대, 무인 등대도 그 역사가 예사롭지 않다.
2018년 여서도는 진도군의 대마도와 함께 전라남도 '가고싶은섬' 대상지로 선정되어 섬 가꾸기에 한창이다.

여객선

TRAFFIC

여객선

완도 → 여서도

- 하루 1회, 14:50 출항 | 3시간 소요

우물

등대에서 바라본 여서도항과 마을

마을

PHOTO SPOTS

돌담

여서도가 한국의 이스터섬으로 불리는 까닭은 돌담 때문이다. 총 길이가 1,500m에 달하는 돌담에는 세월의 자취가 고스란히 묻어있다. 넝쿨과 이끼 떼는 퇴색되고 눌어붙어 이미 돌담과 한 몸이 되었다. 여서도의 돌담은 최소 200년에서 300년 가까이 된 것들이라 보존가치가 뛰어나다. 바람으로부터 집터를 지키기 위해 성벽과 같이 높게 쌓은 돌담이 있는가 하면 밭과 밭, 집과 집을 나누는 경계의 돌담도 있다.

마을

제주도로 가는 비행기가 남해 상공을 지날 때, 망망대해에 홀로 떠있는 섬이 내려다보인다면 그곳이 바로 여서도다. 섬 전체에 사람 사는 마을의 면적은 불과 3%에 지나지 않는다.

그래서 더욱 신비스러운 섬 여서도, 무인등대에 오르면 온전한 마을의 모습을 촬영할 수 있다.

여서도항 낙조

여서도항은 북쪽을 향하고 있어 낙조를 촬영하기 위해서는 방파제 끝으로 나가야 한다. 낙조 풍경 속으로 항을 빠져나가는 고깃배 한 척이 들어와도 좋다.

PLACE TO VISIT

무인 등대

여서도 무인 등대는 태양광 패널로 에너지를 저장했다가 정해진 시간에 기계적으로 작동한다. 첫 불을 밝힌 지 50년이 지남에 따라 목포해수청의 노후 등대로 선정되어 2021년, 원형을 유지한 채 보수, 보강 공사가 완료되었다.

청산초등학교 여서분교

마을 위쪽에 자리한 청산초등학교 여서분교는 2011년 폐교되었다. 2013년 개봉된 영화 〈남쪽으로 튀어〉에 주요 배경으로 등장하는 들섬분교의 촬영장이 바로 이곳이다. 여서분교는 한때 학생 수가 180명에 달했던 때도 있었지만 젊은 사람들이 뭍에 나가 살기 시작하면서 급속도로 위축되었다. 현재는 무성하게 자라난 잡초가 교사와 운동장을 덮고 있다.

돌우물

여서도의 물은 귀하고 또 풍부하다. 생활용수는 넉넉하지 않을 때가 많았지만 돌우물이 있어 식수 걱정은 없었다. 가뭄 때도 마르지 않는 돌우물은 현재도 주민들이 길어다 마실 정도로 건재하다.

ACTIVITY

트레킹

여호산 등산코스 (5.5km | 3시간)

여서도 표지석-내연발전소-무인등대-노루목-사형제바위-돌탑-무선중계소-여호산정상-요망대-지치고개-전망대-우물-표지석

※ 여름철에는 무성하게 자라난 풀 때문에 길을 잃어버릴 위험이 있으니 주의해야 한다.

캠핑

마을 내에서의 캠핑을 금하고 있다. 물양장 우측 끝에서 소각장으로 이어지는 도로변에 알파인텐트 두 동 정도가 들어갈 공간이 있다. 하지만 대부분 낚시꾼은 물양장에 텐트를 친다.

산에서의 야영은 하지 않는 것이 좋다. 여서도 산에는 뱀이 많은 편이다.

FOOD

식당은 없다. 민박집 밥상은 화려하지는 않지만, 해산물이 주를 이루고 생선 한 마리는 꼭 올라온다. 고기 등 부식 거리를 준비해서 입도하면 더욱 식사가 풍성해진다.

STAY

10곳 정도의 민박이 있다. 비교적 최근에 지어진 소라민박은 콘도식으로 방마다 취사 시설이 완비되어있다. 2인 기준 4만 원으로 가격도 저렴한 편이다.

REFERENCE SITE & PHONE NUMBER

주요 기관 & 여행 안내

- 여서도교회 (061-552-8974)
- 여서도보건진료소 (061-552-9671)
- 여서도경찰관출장소 (061-552-9312)

숙박

- 세영민박 (blog.naver.com/sysy9050 | 0507-1328-6497)
- 소라민박 (010-7466-4421)
- 소망민박 (010-3616-6124)
- 꽁지네민박 (010-8547-3233)
- 바다민박 (010-3775-6470)
- 돌담민박 (061-553-4181)
- 둥지민박 (010-7100-9213)

돌담 | 폐교

선착장

등대

066

생일도

소중한 날, 그 섬에 가면

완도항에서 생일도 용출항으로 가는 배는 하루 두 차례밖에는 없다. 게다가 홀수, 짝수일에 따라 출항 및 소요시간이 제각각이다. 하지만 약산 당목항에서 생일도 서성항까지는 불과 20분 정도의 거리인 데다 배편도 자주 있다. 섬 주민과 여행자들이 당목항을 주로 이용하는 까닭이다. 생일도 서성항에는 생일케이크 조형물이 세워져 있다. 갓 태어난 아이처럼 고운 심성을 가진 주민들의 환영 인사다.
생일도만큼 볼거리 먹거리가 많은 섬도 드물다. 생일도는 완도에서도 최상급 전복의 생산지로 유명하다. 누구라도 양식장에서 질 좋은 전복을 손쉽게 구매할 수 있다. 또한, 우리나라 다시마의 70~80%가 생산되는 완도권에서도 생일도는 대표적인 다시마 산지 중 하나다. 여행 중 자주 볼 수 있는 녹색의 그물은 다시마를 널어 건조하기 위해 설치해 놓은 것이다.
백운산(높이 483m)은 완도군에서 두 번째로 높은 산이며 섬 산 중에서는 최고봉이다. 육지에서도 산세를 통해 쉽게 알아볼 수 있을 정도로 위용이 뛰어나다. 백운산 탐방로는 여러 코스가 있으며 총연장 길이만도 15km에 달한다. 하지만 꼭 종주를 고집할 필요는 없다. 중턱까지는 비교적 완만한 오름세로 이어지다가 마지막 30분 정도만 애를 써서 정상까지 치고 오르면 된다. 코스 어느 곳에서도 섬과 바다의 수려한 경관을 즐길 수 있다.
생일도의 해안도로는 금곡리와 용출리 양방향에서 멈추어 선다. 순환도로를 만들지 않는 까닭은 바로 두 마을의 해안을 잇는 너덜겅 길 때문이다. '너덜겅'은 '돌이 많이 깔린 비탈'의 순우리말이다. 중세의 성벽 길을 연상시키는 '너덜겅'은 생일도가 자랑하는 '멍 때리기 좋은 곳'중 하나다.
생일날, 당목항에서 생일도로 여행 가면 여객선 요금은 무료다. 서성항 여객선 대합실 외부 전광판에 생일 축하 문구 이벤트도 실시하고 있다. 생일 축하 문구는 평일 오후 5시까지 생일면사무소(061-550-6675)로 신청하면 된다.

생일도 금곡 해수욕장

TRAFFIC

여객선

약산 당목항 → 생일도 서성항

- 하절기 하루 8회, 동절기 하루 7회 운항

완도항여객선터미널 → 생일도 용출항

- 하루 2회 운항

생일도 마을버스

- 오전 6시부터 오후 3시까지는 노선버스로, 오후 3시부터는 부름(CALL)버스로 운행
- 노선버스는 하루 8회 운행
- 연락처 010-6602-3716

PHOTO SPOTS

생일송

여객선 대합실 뒷동산 위에는 큰 소나무 한그루가 우뚝 서 있었다. 소나무는 '생일송'이란 이름을 가진 수령 200년의 보호수다. 동산은 생일도의 첫 번째 포토존이다. 소나무는 생일도의 맑은 하늘 아래서 늠름한 자태를 뽐내며 탐방객들의 포토 파트너로 활약 중이다.

백운산 정상

백운산 정상에 서면 섬 산이 주는 신세계를 경험할 수 있다. 해발 483m에 불과하지만, 육지 산과는 완전히 다른 거친 매력을 뽐낸다. 정상 능선에는 스폿마다 전망대가 설치되어있다. 완도와 신지도, 약산도 그리고 금일도, 덕우도 또 멀리 청산도와 초도까지 완도군 동부권역 대부분 섬이 파노라마처럼 발아래 펼쳐진다.

서성항의 생일 케이크

PLACE TO VISIT

금곡해수욕장

생일도의 서남쪽에 위치한 폭 100m, 길이 1.2km의 해수욕장으로 풍광이 매우 아름답다. 뒤편으로 키 높은 해송 숲이 있으며 관리동과 화장실, 샤워장 등의 시설을 갖추고 있다. 해수욕장의 모래는 조개껍데기가 부서져 쌓인 것으로 그 입자가 다소 굵은 대신 바람에 쉽게 날리지 않으며 몸에 묻어도 털어내기가 쉽다. 때때로 낚싯배가 에어보트를 끄는 모습과 방목 염소들이 바닷가를 몰려다니는 재미있는 광경을 쉽게 목격할 수 있다.

용출리 갯돌해변

남향의 용출리 마을 앞 해변으로 한나절 내내 해가 들어 때때로 주민들이 해조류를 건조하는 데 이용한다. 갯돌밭은 편평하게 층을 이루고 있으며 해수면보다 지대가 높아 야영지로도 제격이다. 맑고 투명한 바다 위에 햇살이 춤을 추는 듯한 모습과 파도에 갯돌이 구르는 달달한 소리는 보고 듣는 것만으로도 힐링이 된다. 생일도의 '멍때리기 좋은 장소' 중 하나다.

학서암

백운산 중턱에 자리한 암자로 300년 전 승려 화식이 창건하였으며 주변의 산세가 학을 닮아 학서암이라 부르기 시작했다. 사찰의 수려함은 뛰어나지 않지만, 고즈넉하고 평화로운 분위기가 있다. 암자 끝에서 바라보면 이웃 섬 금일도의 곳곳이 손에 잡힐 듯 내려다보인다. 조망이 뛰어나 반드시 탐방해야 할 명소로 손꼽힌다.

구실밤나무숲군락지

서성항과 용출리 사이, 해안도로 주변에서 자생하며 군락의 규모는 9만 평에 이른다.
늦봄에서 여름까지 꽃이 피며 향기가 강해 방향목으로 이용된다. 섬에서는 늦가을 밤 줍기 체험 행사를 진행한다.

ACTIVITY

트레킹

생일둘레길 (9km | 3시간 40분)
서성항-마방할머니 당숲-용출 갯돌해안-금머리 갯길-금곡해수욕장-금곡리

백운산 등산 코스 (7km | 3시간)
서성항-생일분교-백운산등산로입구-학서암-돌탑-12지신테마공원-서성항

힐링산책로 (너덜겅 숲길 | 3.5km | 1시간 30분)
용출리 갯돌해변-너덜겅숲길-금골해변

캠핑

금곡해수욕장에는 노지 야영장이 있다. 바다가 직접 조망되고 해송이 그늘을 만들어줘 여름철 캠핑에 그만이다. 해수욕장 개장 기간에는 화장실과 샤워장을 개방하지만, 그 밖의 계절에는 편의시설을 이용할 수 없다. 해변 위쪽으로 공간이 넓어 차박에 유리하다. 용출리 갯돌해변도 캠핑이 가능하다. 비교적 갯돌의 분포가 고르고 편평하며 층이 있어 바닷물에 침수될 염려는 안 해도 된다. 용출항 대합실의 화장실이 상시 개방된다. 생일도의 관문 서성항에는 비교적 규모가 큰 하나로마트가 있다. 빈손으로 섬에 들어와 식재료를 구입해도 될 만큼 상품의 품목이 다양하다.

FOOD

서성항 부근에는 상시운영하는 식당이 몇 곳 있어 아무 때고 편안하게 섬 밥상을 즐길 수 있다. 8,000원짜리 백반은 해물이나 채소 등 식재료들의 신선도가 좋다. 생일도는 완도에서도 최상급 전복 생산지로 유명하다. 직접 양식장에서 질 좋은 전복을 값싸게 구매해서 먹거나 포장해서 돌아갈 수 있다. 마트나 식당을 통해서도 양식장을 소개받을 수 있으며 있는 곳까지 직접 배달해주는 서비스도 제공한다.

- 월드식당 (전복, 백반, 매운탕 | 생방송투데이 2075회, 생방송오늘저녁 300회, 생방송투데이 1493회)

STAY

마을에서 운영하는 용출게스트하우스, 금곡마을 펜션식당의 평가가 좋다. 유서리와 금곡해수욕장 부근으로 숙박시설이 많다.

생일송

REFERENCE SITE & PHONE NUMBER

주요 기관 & 여행 안내

- 생일도 (생일도.com)
- 생일면사무소 (061-550-6671)

음식 및 숙박

- 이엘관광농원 (금곡해수욕장 리조트 | www.elfarm.kr | 061-555-8200)
- 용출게스트하우스 (010-3209-5210)
- 금곡마을펜션식당 (061-552-0399)
- 어영차바다펜션 (eoyeongchabadaya.modoo.at | 010-3504-7563)
- 생일도 가고픈 민박&낚시 (생일도.com | 010-9364-3117, 061-553-3632)
- 생일도참전복 (택배 www.seada.co.kr | 070-4245-9225)
- 황춘화 (생일도 전복양식, 소량판매 | 010-9618-9755)
- 월드식당 (백반, 매운탕 | 061-553-7734)
- 목섬가든 (전복, 생선구이 | 061-555-1357)
- 파라솔식당 (생선회 | 061-552-1236)
- 조아서치킨 (061-552-4321)

용출리 갯돌해변 일출

백운산

067 평일도(금일도)

섬 주민도 모르는 매력

사람들은 평일도를 금일도로 부르기도 한다. 엄밀히 말하면 평일도가 속한 행정 구역이 금일면이다. 평일도는 주민 수만 4,000명에 달하는 큰 섬이다. 어찌 보면 바다에 둘러싸인 것 말고는 육지와 크게 다른 것이 없다. 금일도는 다시마의 대표적 산지다. 일손을 돕기 위해 외국인 근로자들도 많이 들어와 산다. 인구가 많으니 택시도 여러 대가 다니고 대형마트에 의원, 약국, 주유소, 카센터, 커피숍, 치킨집도 흔하다. 생업에 바쁜 주민들은 여행자들에게 금일도에 뭐가 볼 것이 있어서 왔느냐고 핀잔을 주기도 한다.

하지만 일과 생활이 전부인 듯한 섬도 찬찬히 살펴보면 여정을 풍부하게 해줄 요소들이 있다. 완도군의 대표 피서지로 명성을 떨쳐온 금일 명사십리해변, 평일도 주민들이 아끼며 가꿔온 월송해송림, 숨겨진 명소 용항리 갯돌해변, 신구리 용굴, 아담한 다리로 이어진 작고 아담한 섬 소랑도가 그것이다.

용항리 갯돌해변

TRAFFIC

여객선

약산 당목항 → 금일 일정항

■ 하루 20회 운항 | 20분 소요

녹동신항 → 금일 동송항

■ 하루 4회 운항 | 1시간 15분 소요

공영버스

일정항 → 읍사무소

■ 수시 운행

※ 금일개인택시 : 061-553-3993

PHOTO SPOTS

소랑대교

사동리의 삼동포구 남쪽 끝에는 작은 동산이 있다. 이곳에 올라 바라보면 300m의 소랑대교와 소랑도의 오롯한 모습이 한눈에 들어온다. 다리 가운데 설치된 빨간색의 아치가 포인트다.

월송해송림 낙조

월송해송림의 데크길 사이에는 작은 전망대가 하나 놓여있다. 낙조 스폿이다. 저녁 무렵 부근을 산책하다 보면 의도하지 않아도 근사한 해넘이 광경을 쉽게 목격할 수 있다.

PLACE TO VISIT

금일명사십리해변

금일명사십리해변(해당화해변)은 여름만 되면 피서객들로 북적이던 섬 관광의 오랜 명소였다. 경관과 규모 그리고 시설 면에서도 완도명사십리해변과 비견될 정도다. 하지만 최근 모래유실이 심해져 백사장의 면적이 줄어들고 있다. 대나무 펜스를 설치하고 소나무를 식재하는 등 섬과 지자체의 노력으로 옛 모습을 회복하는 중이다.

월송해송림

월송리 해안가에는 월송해송림이라 불리는 소나무군락지가 있다. 수령 200~300년의 키 높은 해송이 1km나 늘어서고 숲 사이에는 데크길이 있어 산책을 즐기기에 그만이다. 또한, 동백리와 신구리 곶으로 둘러싸인 해송림 앞 해변은 동그랗게 만입되어 안락한 느낌을 준다.

용항리 갯돌해변

용항리 갯돌해변은 일반인들에게는 잘 알려진 곳이 아니다. 하지만 백령도의 콩돌해변 못지않은 작고 고운 갯돌이 해변을 덮고 있다. 전면에 무인도를 띄워 놓은 아늑한 해변의 분위기도 향후 관광명소로 발돋움하는데 플러스 요인이 될 것이다.

소랑도

섬 주변의 물결이 항시 잔잔하여 작을 소(小)에 물결 랑(浪)을 붙였다는가 하면, 소라를 사투리로 '소랑'이라고 하는데 섬의 모양이 그것을 닮은 것에 연유했다고도 한다. 소랑도 물양장의 방파제는 윗부분에는 콘크리트를 발라 놓았지만, 그 축은 돌을 쌓아 올린 예전 모습을 유지하고 있었다. 게다가 마주한 두 개의 방파제가 배가 드나들 수 있는 좁은 입구를 만들고 작은 산이 항을 둘러싸고 있어 정박한 어선들은 어지간한 풍파에 끄떡도 하지 않을 것만 같다. 소랑도는 평일도의 내항을 태풍으로부터 막아주는 방패막이 역할을 하고 있는 셈이다.

ACTIVITY

트레킹

망산트레킹 (3.4km | 1시간)
신평리 마을회관-정자-갈림길-망산-신평당재-깃대봉들머리-신평리 마을회관

소랑봉트레킹 (3.1km | 50분)
소랑도입구-소랑봉-소랑대교-삼동항

월송해송숲 & 명사십리해변
(4km | 1시간 10분)
월송리마을회관-월송리해송숲-동백리입구-원조펜션-해당화 숲 산책길-사동리

라이딩
(38km)

일정항-화전항-금일읍사무소-동백항-용굴-월송리해송숲 - 동백리마을회관-금일명사십리해변-사동리-소랑대교-소랑도보건진료소 - 소랑대교-궁항리마을회관-용항리갯돌해변-동송리마을회관-신평리복지회관-금일초등학교-상화전리사무소-도장항-일정항

캠핑

등록된 캠핑장은 없다. 금일명사십리해변 주변은 대부분 사유지기 때문에 캠핑사이트를 찾기가 어렵다. 오히려 개발되지 않은 용항리 갯돌해변이 텐트를 치기에는 적당하다. 단 바다에서 밀려온 부유물들이 해변에 널려 있을 수가 있으니 이 점을 고려해야 한다. 오히려 차박할 수 있는 장소는 많다. 일정항, 화전항, 도장항 부근에 공간이 있다.

금일 명사십리 해변

FOOD

평일도 식당은 금일읍사무소 일대와 화전항 뒤편의 금일수협 다시마위판장 부근에 집중되있다. 육지의 읍내와 다름없을 정도로 식당들이 많아 메뉴 선택의 폭이 넓다.
육고기를 취급하는 대정가든, 백반맛집으로 알려진 초원식당, 장터국밥 등이 평가가 좋다.

STAY

읍내에는 여관이, 명사십리해변, 동백리 주변으로는 펜션과 민박이 많다.
펜션을 제외하고는 시설이 오래된 편이며, 여관과 민박 중에는 근로자 장기숙소로 이용되는 곳이 있다.

일정항 | 일정리
소랑도 | 차박

REFERENCE SITE & PHONE NUMBER

주요 기관 & 여행 안내

- 금일읍사무소 (061-550-6190)

음식 및 숙박

- 코로나펜션 (www.instagram.com/pension_corona/ | 0507-1319-9536)
- 원조펜션 (061-553-2245)
- 몽돌민박 (010-6418-2015)
- 대정가든 (육회비빔밥 | 061-555-2233)
- 초원식당 (061-554-7601)
- 장터국밥 (061-552-9915)
- 동백회식당 (061-553-3092)
- 화전반점 (061-555-1366)

월송리 해송 숲낙조 | 소랑대교

068 금당도

터프함을 뽐내고 싶은 산 사나이라면

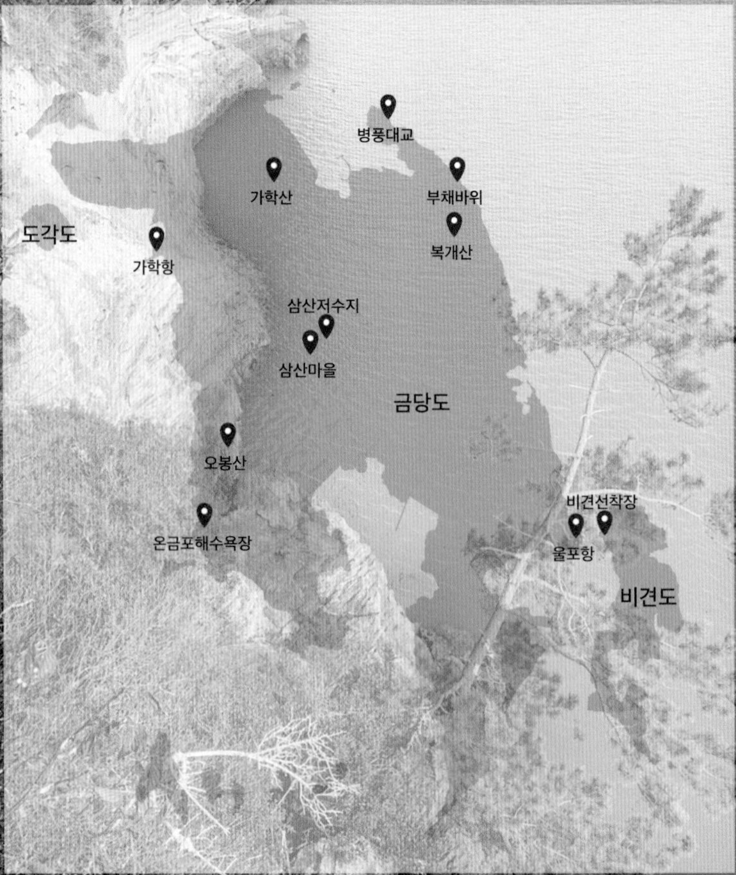

금당도는 등량만의 입구를 지키고 있는 섬이다. 지금은 각각의 면으로 분리돼있지만, 1980년대 중반까지만 해도 생일도와는 같은 행정구역(금일면)에 속해있었다. 생일도가 부드럽고 아기자기한 섬이라면 금당도는 몹시 거칠고 투박하다. 생일도에 두 개씩이나 있는 해수욕장이 금당도에는 없다. 생일도가 완도군에서 두 번째로 높은 백운산을 가지고 있음에도 산행을 좀 해봤다는 사람이라면 오히려 금당도에 구미가 당긴다. 금당도는 섬 전체가 바윗덩어리다. 바다에서 바라보면 깎아지른 듯한 주상절리가 섬을 떠받치는 모습을 하고 있다, 특히 섬의 동쪽 해안에서는 부채바위, 병풍바위, 스님바위 등 수직의 해안절벽이 보는 이를 압도한다. 일찍이 송시열의 제자 위세직(1655~1721)은 금당도 일대를 유람하고 쓴 금당별곡에서 섬의 아름다운 절경들을 '금당 8경'이라 칭송하였다. 37km나 되는 해안을 따라 섬의 비경들을 제대로 감상하려면 거금도 금진항 또는 섬 내 가학항에서 출발하는 유람선을 타야 한다.

금당도에는 다양한 산행, 트레킹 코스가 있다. 총 8코스의 '금당8경길'이 그것이다. 거기에 4개의 산행 코스가 더해져 일정에 맞게 골라 걸으면 된다. 세포 전망대는 금당도 여행에서 절대 빠뜨려서는 안 될 주연급 스폿이다. 비견도, 신도, 충도로 이어지는 섬과 바다의 풍경도 근사하지만, 무엇보다 섬에서 제일가는 일출 명소이기 때문이다. 공식적인 야영데크가 아님에도 섬을 찾는 백패커들이 기를 쓰고 세포 전망대를 찾아 하룻밤을 보내려고 하는 이유도 바로 그것이다.

금당도 해안절벽

TRAFFIC

여객선

장흥 회진항 → 금당도 울포항

- 2일 6회 운항 | 25분 소요

녹동신항 → 금당도 울포항

- 하루 5회 운항 | 40분 소요

PLACE TO VISIT

질마도

금당서 서쪽 2.5km 바다 위에 떠 있는 무인도 질마도는 SM기획 소유의 섬이다. 북동쪽해변에는 초지가, 남동쪽에는 풍광 좋은 백사장이 펼쳐져 있다. 캠핑에 필요한 개수대 등의 시설이 설치돼있으며 관리인이 상주한다. 여름방학 시즌이면 금당체험마을 프로그램으로 '무인도체험 캠핑'이 진행된다. (문의 : 061-843-4077)

삼산마을

금당도에서는 유일하게 바다와 인접하지 않은 마을이다. 섬 주민을 다 먹여 살릴 정도의 넓은 농경지를 펼쳐두고 3개의 봉우리가 마을을 감싸고 있다. 해변 마을과는 다른 농촌의 정취가 다분하며 삼산지라 불리는 저수지가 있어 풍광을 돋보이게 한다.

PHOTO SPOTS

세포 전망대

해돋이를 찍기 위해서는 일출 1시간 전에는 전망대에 도착해있어야 한다. 그때부터 동쪽 하늘의 색이 시시각각으로 변하기 때문이다. 세포 전망대에서는 오색으로 물든 하늘, 아직은 영롱한 섬 불빛 그리고 바다로 출격하는 고깃배가 한 장면이 되어 안긴다. 난간보다 높은 삼각대를 준비해야 하며 해돋이의 아름다운 경관은 태양이 완전히 노출되는 순간 끝이 나니 집중해야 한다. (세포 전망대에는 잡광이 없어 별 사진 포인트로도 제격이다.)

가학리 낙조

가학리는 금당도 북서 끝에 있는 작은 마을이다. 마을 동산에 오르면 약산도와 노력도 장흥 천관산을 검게 태우며 곤두박질치는 하루해를 감상할 수 있다. 그 아름다움을 일컬어 학령낙조(鶴嶺落照)라 부른다. 금당 8경 중 하나다.

가마바위

ACTIVITY

트레킹
(총연장 26.5 km | 걷기 7시간)

금당도 트레킹 길은 코스도 많고 구간도 다양하다. 산 능선을 타도 좋고 금당 8경의 스폿을 위주로 걷기를 즐길 수 있다. 첫 여객선에서 마지막 여객선까지 11시간 30분의 여유가 있어 당일 트레킹도 가능하다.

금당8경길 등산로

- 금산제월길 (2km | 30분)
- 병풍바위길 (5km | 1시간 20분)
- 성산효종길 (3km | 50분)
- 학령낙조길 (3km | 50분)
- 갯벌들판길 (3.5km | 1시간)
- 적벽청풍길 (7.5km | 1시간 50분)
- 비견비경길 (2.0km | 30분)
- 황금어장길 (선박 | 4.5km | 15분)

금당도 산행 코스

- 1코스 (12.3km | 7시간)

금당면사무소-부채바위-병풍바위-금당상수원지-가학개지재

- 2코스 (4.3km | 2시간 30분)

기학개기재-상랑산-봉지산

- 3코스 (3.6km | 2시간)

봉지산-온금포해수욕장-금당공원-가학공원-가학교회

- 4코스 (3.5km | 2시간)

세포마을-세포전망대 경관둘레길

캠핑

세포 전망대는 주변 경관과 조망이 탁월한 데다 전망데크가 널찍해 많은 백패커들이 숙영지로 선호하는 곳이다. 하지만 전망대에서의 단체 캠핑은 오물과 쓰레기, 취사에 의한 화재의 위험이 있기 때문에 공식적으로 허가된 사항이 아니다. 또한, 이른 아침 해돋이를 보러 온 여행객들에게 불편을 끼친다. 마땅한 캠핑 장소가 없는 금당도에서 세포 전망대는 어쩔 수 없는 선택이다. 따라서 비박색과 침낭, 그리고 비화식을 이용한 비박 모드의 캠핑을 제안한다. 금당도는 2021년 전남 '가고싶은 섬 가꾸기' 사업에 선정됐다. 향후 공식 캠핑장이 마련되기를 기대해본다. 식재료는 면사무소 부근의 마트에서 손쉽게 구입할 수 있다.

- 캠핑 : 세포 전망대 (비박모드)
- 차박 : 가학항, 온금포 마을, 차우리 갯바위 낚시터
- 식재료 : 하나로마트. 금당슈퍼, 시온마트

유람선

거금도 유람선 (거금도 금진항 | 하루 2회, 11:00, 14:00 출항 | 2시간 | 17,000원)

금진호는 소록도, 연홍도 그리고 금당 8경을 돌아오는 유람선이다. 부채바위와 병풍바위의 주상절리, 스님바위, 교암청풍(바위에서 불어오는 맑고 시원한 바람)의 세포리 해안절벽 그리고 적벽바위, 초가바위, 코끼리바위, 남근바위 등 이름만 들어도 고개가 끄덕여지는 기기묘묘한 바위와 그와 어우러진 비경들을 지난다.

- 문의 061-834-8877, 010-9107-8494, 010-2915-8494

금당도 정보센터 (금당도 가학항 | 수시 출항 | 1시간 | 5인 기준 100,000원 | 061-843-4077)

※ 김영관 (개인 | 옹금포 출항 | 010-9454-5439)

FOOD

금당도의 식당은 주로 울포선착장과 면사무소 부근에 분포돼있으며 대부분 주민을 대상으로 하는 로컬 식당이다. 중국집, 치킨집, 백반집, 횟집 등 다양하지만 대부분 평이한 수준이다.

STAY

섬 내에 10여 곳의 숙박시설이 있다. 시설 수준은 평이하지만, 요금이 저렴한 편이라 하룻밤을 보내기에 무리가 없다.

삼산저수지 | 세포마을

REFERENCE SITE & PHONE NUMBER

주요 기관 & 여행 안내

- 금당면사무소 (061-550-6581)
- 금당도갯벌섬마을 (island.invil.org | 061-843-4077)

교통

- 평화해운 (녹동 | 061-843-2300)

음식 및 숙박

- 대일장 (여관 061-843-9727)
- 국화펜션 (061-844-4834)
- 바닷가민박 (061-843-8270)
- 해송민박 (061-842-0122)
- 하얀민박 (0507-1391-0168)
- 광주식당 (백반, 회정식, 도시락 | 061-843-9742)
- 아리랑식당 (장어탕, 곰탕 | 063-843-7071)
- 대일식당 (백반 | 063-843-9727)
- 남해루 (중식 | 063-843-0073)

금당도 조망 | 세포전망대 일출

전남 고흥군

연홍도
시산도
애도

069 연홍도

예술에 반하고 섬에 취하고

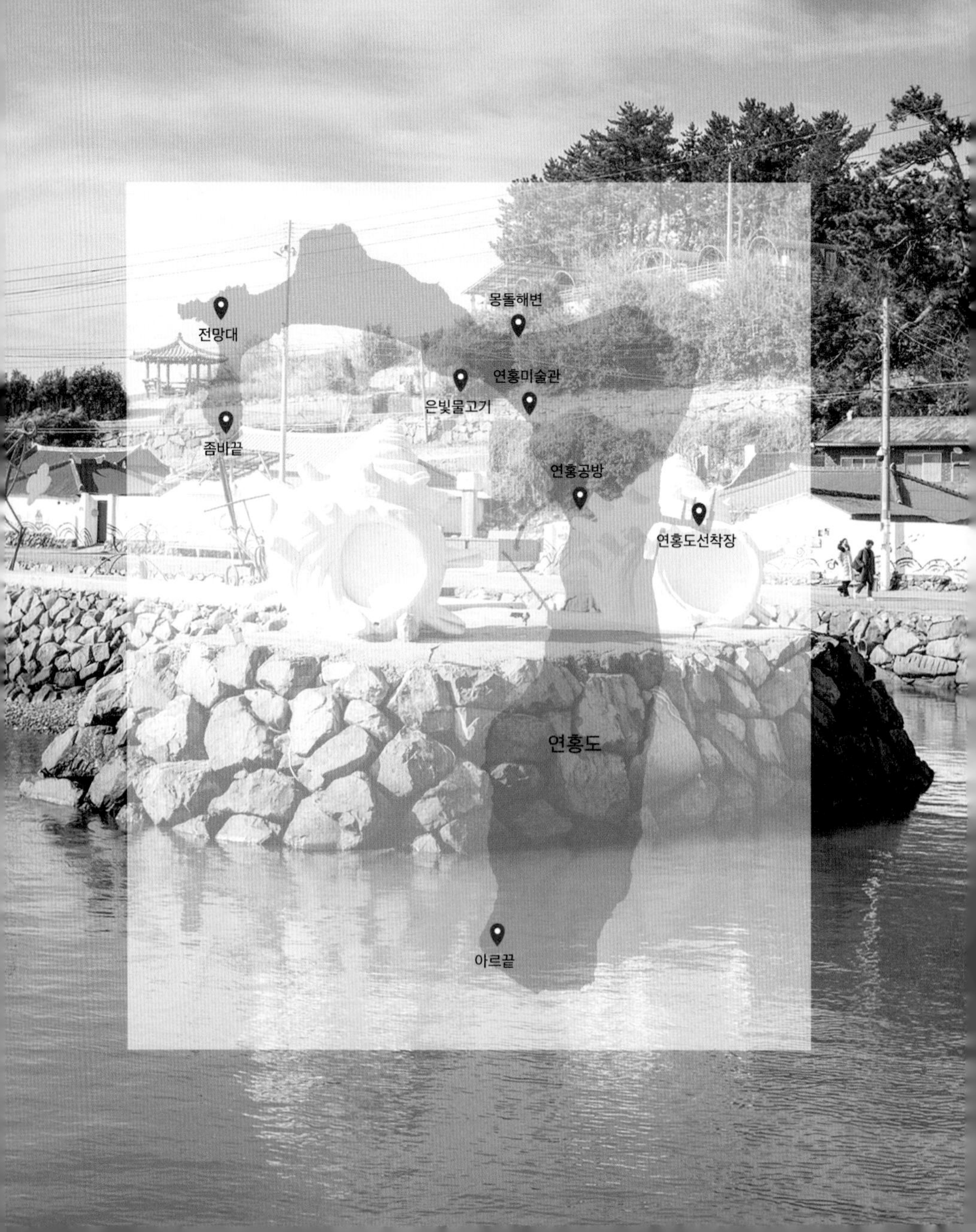

연홍도는 금산(거금도) 신양항에서 도선으로 5분 거리에 있는 작은 섬이다. 녹동신항에서 하루 두 번 여객선이 가지만, 녹동-소록도-거금도(금산)이 다리로 연결되어있어서 도선을 이용하는 편이 훨씬 편하다.

섬의 둘레는 4km에 지나지 않는다. 대충 훑고 나온다면야 두 시간이면 족하지만, 그리 만만하게 스쳐 지나갈 섬은 결코 아니다. 우리나라의 수많은 섬 중에 미술관이 있는 곳은 연홍도가 유일하기 때문이다(다리가 연결되지 않은 섬 중). 그리고 해안에는 미술작가들의 조형물이, 골목에는 주민들의 생활 폐품들이 정크아트 작품으로 재탄생해 전시되고 있다. 그래서 사람들은 연홍도를 '지붕 없는 미술관'으로 부른다.

섬을 찾는 이유 중 하나는 마음속에 간직하고 있던 옛 시절의 기억, 그리고 그 배경이 되었던 공간에 대한 향수가 있어서다. 연홍도 골목에는 그것을 자극하는 애틋함이 있다. 발걸음이 자연스레 멈춰지는 까닭이다. 연홍도의 낮을 걸으며 예술에 반했다면 밤에는 오롯이 섬에 취해볼 차례다. 금당도 낙조와 적막한 시간을 거쳐 별빛으로 이어지는 하루의 끝은 머물러야 경험하게 되는 연홍도의 선물이다.

은빛물고기

TRAFFIC

도선(연홍호)

금산 신양항 → 연홍도

- 하루 6회 운항 | 5분 소요
- 출항시간 07:55, 09:45, 11:00, 12:30, 14:30, 16:00, 18:00(동계 17:30)

PLACE TO VISIT

연홍도 골목

지붕 없는 미술관의 주 전시장은 골목이다. 담벼락에 걸린 정크아트의 소재는 무한하다. 버려진 폐품들과 흔하게 볼 수 있는 자연물들이 미술작품으로 재탄생되었다. 인위적으로 조성된 또 다른 조형물과는 다른 재미와 감동이 있다.

연홍미술관

연홍미술관은 1998년 폐교된 금산초등학교 연홍분교장 터를 섬 출신의 김정만 화백이 임차하여 전시실과 숙박시설 등을 갖추고 2006년 개관하였다. 이후 2009년 고흥 민예총 사무국장이었던 서양화가 선호남 현 관장이 인수하여 전시실, 카페, 숙소 등을 갖추고 부인과 함께 운영 중이다.

연홍공방

주말에만 문을 여는 정크아트 공방이다. 부표를 이용한 재활용 화분, 캔들 만들기 프로그램을 진행한다.

PHOTO SPOTS

은빛물고기

연홍미술관 앞바다에는 〈은빛물고기〉란 이름을 가진 대형 조형물이 설치되어있다. 프랑스 설치미술가 '실뱅 페리에'가 연홍도에 한 달간 머물면서 만든 작품이다. 〈은빛물고기〉는 밀물 때면 반쯤 잠겨있다가 썰물이 되면 완전한 자태를 드러낸다.

금당도 낙조

금당도는 연홍도 서쪽에 있다. 그 때문에 저녁 무렵이면 연홍미술관은 노을 맛집으로 변신한다. 금당도의 하늘을 붉게 물들이며 수직 절벽 위로 떨어지는 하루해는 꼭 보고 담아야 할 연홍도의 으뜸 절경이다.

연홍도 도선

연홍도 골목길

골목 갤러리

ACTIVITY

트레킹

좀바끝 가는 길 (940m | 20분)
연홍미술관–말골–전망대–좀바끝

연홍도 골목길 (1.16km | 30분)
선착장–연홍도커뮤니티센터–연홍교회–연홍미술관–뒷 포구–소나무쉼터–골목–마을회관

아르끝 숲길 (1.76km | 40분)
마을회관–연홍보건진료소–숲길–아르끝

캠핑

말골해변 백사장에 텐트를 칠 수 있는 공간이 있다. 하지만 그보다는 거금도에 있는 청석오토캠핑장이나 익금해변캠핑장을 베이스로 연홍도 탐방을 하는 것이 보다 효율적이다.

좀바끝전망대 | 금당도 낙조

FOOD

마을식당과 연홍미술관에서 식사를 할 수 있다. 마을식당의 경우 평일에는 단체예약만 받고 주말에는 개인도 가능하다. 연홍미술관은 숙박 손님과 단체 위주로 운영된다. 마을식당도 평가가 좋지만, 싱싱한 해산물과 현지 식재료에 솜씨를 더한 연홍미술관의 밥상은 여행 애호가들에게 극찬을 받고 있다.

※ 마을식당 예약시간 : 09:00~15:00

STAY

원룸 4동과 투룸 1동으로 구성된 마을펜션 외에 연홍미술관에도 펜션시설이 있어 숙박을 할 수 있다.

REFERENCE SITE & PHONE NUMBER

여행 안내

- 마을숙소 및 식당예약 (사무장 010-5064-0661)
- 연홍도부녀회총무 (010-8255-1544)
- 연홍미술관카페 (010-8962-7166)
- 연홍미술관장 (010-7256-8855)
- 연홍호 (010-8585-0769)
- 연홍공방 (010-4656-1533, 010-8899-2252)

연홍미술관 밥상 | 연홍미술관 피굴

연홍미술관

연홍도 선착장

070 시산도

풍요로운 부자 섬 여행

시산도에는 150여 가구에 250여 명의 주민이 산다. 많은 가구가 미역 양식업에 종사하고 있으며 이들이 벌어들이는 수입은 연간 수십억 원에 달한다. 70년대에 시작한 부류식 양식업이 환경 좋은 시산 바다를 만나 급속도로 성장한 덕분이다. 시산도 김은 최고 품질로 평가받고 있으며 고흥군 관내 생산량의 3분의 1을 차지한다. 거금도 오천항과 시산도를 하루 3회 오가는 시산페리로 역시 섬주민의 재력으로 마련한 도선이다. 시산도는 예로부터 아름답기로 이름을 떨치던 섬이지만 항구에 들어서면 거대한 공장을 보는 듯한 느낌이 든다. 높이 올려진 김 양식 어구들과 분주하게 일하는 외국인 근로자들 때문이다. 그러다 보니 섬 주민들은 여행객들에게 크게 관심을 두지 않는다. 김 양식은 주로 9월부터 이듬해 5월까지가 피크다. 그래서 봄, 가을보다는 여름휴가철이 오히려 시산도 여행의 적기다.
시산도에는 많은 명소가 있지만, 완전히 정비된 상태는 아니다. 해발 179m의 봉화산도 자연 그대로의 모습을 유지하고 있다. 일주일에 고흥에서 청소차가 두 번이나 들어오는 부자 섬의 이면에는 여행을 풍요롭게 만들어줄 문화와 자연이 있다.

살푸섬

TRAFFIC

여객선
금산 오천항 → 시산도
■ 하루 3회 운항 | 40분 소요

버스
녹동 → 오천항
■ 08:00, 10:30, 17:00 운행

PHOTO SPOTS

살푸섬
마을 앞 물양장의 우측방파제 중간지점에 있다. TV 방송이 시작되고 끝을 맺을 때, 애국가 영상 속에 나오는 해돋이 장소가 이곳 살푸섬이다. 지금도 새해가 되면 일출을 보고 촬영하기 위해 많은 여행객이 찾아든다.

PLACE TO VISIT

신기룸해변
섬의 서쪽 해안가는 마을과 인적까지 드물어 매우 한적하다. 몽돌로 이뤄진 신기룸해변은 길이가 200m로 비교적 아담한 해변이지만 그 위쪽에는 너른 잔디밭이 조성돼있다. 게다가 화장실은 물론, 정자 등의 편의시설에 일체형 나무 테이블까지 갖추고 있어 하루를 즐기기에 부족함이 없다.

용지공원
선착장에 여객선이 도착하면 가장 먼저 눈에 들어오는 곳이 용지공원이다. 용지란 이름은 남해용왕이 머물렀던 터라는 뜻이다. 공원의 곱고 너른 잔디 부지에는 정자와 벤치가 놓여있다. 주민과 여행자가 바다를 바라보며 힐링할 수 있는 쉼터로 이용된다.

시산도 캠핑

ACTIVITY

트레킹
(봉오산 등산로 포함 6.1km)

시산도 마을은 나지막한 봉화산(179m)이 감싸 안고 있다. 등산로가 정비됨에 따라 누구나 쉽게 걷고 오를 수 있게 됐다. 트레킹코스로 손색없다..

■ 선착장-해안길-신기룸해변-봉오산 임도길-정상-봉오산 등산로-살푸섬-선착장

캠핑

신기룸해변에서 여유로운 캠핑을 즐길 수 있다, 여객선에 차량을 싣고 들어가 차박도 가능하다, 섬 안에는 편의점과 슈퍼가 있어 간식거리를 조달하는 데도 문제가 없다.

FOOD

식당이 2곳 있다. 김 양식 일을 돕는 외국인 근로자가 많아 밥집의 형태로 운영된다.
부자 섬인 만큼 반찬의 가짓수도 많고 푸짐하며 맛도 좋다. 시산도를 여행한다면 꼭 한번 들러보기를 추천.

STAY

마을 내에 펜션 2곳과 민박이 있다. 민정이네민박은 '고흥시산도낚시/민박'이라는 블로그를 통해 시산도를 소개하고 있다.

REFERENCE SITE & PHONE NUMBER

주요 기관 & 여행 안내
■ 시산도사무장 (010-6289-1143)

교통
■ 시산페리호 (선장 010-5721-0724)

숙박
■ 민정민박 (민박, 낚싯배 | blog.daum.net/sinae728 | 010-2014-6879)
■ 시산민박펜션 (010-4073-2632)
■ 시산이드레펜션 (061-834-0981)

신기룸해변

071 애도(쑥섬)

애도 어른도 좋아하는

애도는 고흥군 외나로도항 마로 건너편에 있는 작은 섬이다. 쑥섬으로 통하는 이 섬에는 예로부터 쑥이 지천으로 깔려있었다. 애도는 쑥섬의 한자표기며 섬의 공식 명칭이다. 도선 쑥섬호를 타고 5분이면 섬에 도착한다.

애도 앞에는 수많은 칭호가 따라붙는다. 전라남도의 민간정원 제1호, 2016-2018년 '대한민국 가고 싶은 섬 33', 2019-2020년 '휴가철 찾아가고 싶은 33섬' 그리고 2021-2022년 '한국 관광 100선' 등이 그것이다.

애도에서의 일정은 선착장을 시작으로 3km의 탐방로를 순환하는 것으로 이뤄진다. 탐방로를 걷다 보면 난대 원시림, 환희의 언덕, 몬당 길, 별 정원, 신선대, 성화등대, 쌍 우물 등 자연과 섬 주민들의 정성이 가꿔놓은 다양한 명소들을 만나게 된다. 또 곳곳마다 자상한 설명을 적어놓은 안내판을 설치해 여행객의 이해를 돕고 있다.

애도는 3무의 섬이다. 개와 닭, 무덤이 없다. 대신 고양이는 많다. 주민 수보다 많은 40여 마리의 고양이가 사는 애도는 고양이 섬으로도 불린다.

쑥섬호

TRAFFIC

도선 (쑥섬호)

외나로도항 → 애도

- 하루 10회 운항 | 5분 소요

※ 왕복요금(2,000원)에 추가로 섬 입장료(6,000원)가 있다.

※ 17:00 입도는 주민과 숙박자만 가능

※ 상황에 따라 수시 증편

PLACE TO VISIT

원시난대림

4백 년 동안 외부인의 출입을 금했던 숲은 2016년 처음으로 일반에게 공개되었다. 그 때문에 자연의 모습을 고스란히 유지하고 있다. 원시 숲을 방불케 하는 이곳에는 어머니 나무, 코알라 나무, 푸조나무를 비롯한 500여 종의 고목들이 저마다의 자태와 사연을 뽐내고 있다.

쑥섬정원

별정원, 달정월, 태양정원 등으로 구성돼있으며 쑥섬지기 김상현, 고채훈 부부가 1998년부터 직접 가꾸고 일구어 조성했다. 쑥섬정원은 2007년 민간의 정원을 발굴해 지역 관광자원으로 활용하기 위한 전라남도 민간정원 프로그램의 첫 대상 지역으로 선정되기도 했다.

성화등대, 신선대 그리고 중빠진굴

거문도와 완도를 오가는 선박들의 길잡이 역할을 하는 무인 등대로 태양광 에너지를 이용, 불을 밝힌다. 등대에서 계단을 따라 내려가면 널따란 바위와 두 개의 수직 절벽이 어우러진 비경을 만나게 된다. 신선들이 바둑을 두고 놀았다는 신선대와 도력을 겨루던 중이 빠져 죽었다는 중빠진굴이다. 중빠진굴은 썰물 때 동굴의 모습을 온전히 드러낸다.

PHOTO SPOTS

첫 번째 인증샷

원시 난대림에서 환희의 언덕으로 이어지는 통로에서는 누구든 멈춰서고 인증샷을 찍는다. 돌계단, 나뭇가지, 넝쿨이 만들어내는 어둠의 경계는 피사체를 더욱 빛나게 만들어준다.

환희의 언덕

애도 최고의 조망터로 이곳 또한 인증샷 스폿이다. 환희의 언덕 너머로 해식애를 두르고 우뚝 솟아있는 돌출 지형은 애도와 방파제로 연결된 무인도다. 무인도는 또 다른 방파제와도 연결되어 있는데 본섬과 함께 외나로도 항을 더욱 안전하게 하는 방패막이 역할을 한다.

고양이

전라남도와 고흥군은 애도를 '고양이 섬' 특화 마을로 지정하였다. 마을로 입양된 섬 고양이는 해안가 도로 어디서든 만날 수 있다. 사람을 두려워하지 않아 먹이를 주거나 사진을 찍어도 도망가는 법이 없다. 고양이를 보살피는 할머니의 인자한 모습도 좋은 그림이 된다. 고양이는 네 집에서 10마리씩 맡아 키우고 있다.

하늘, 꽃, 바다

별정원은 일명 '바다 위 비밀 꽃정원'이라고도 한다. 애도에서 가장 높은 해발 83m의 평편한 봉우리 위에 조성되어있다. 계절마다 각기 다른 꽃들로 변신하는 별정원은 하늘, 바다와 어우러져 더욱 화려한 색의 조화를 연출해낸다. 고양이 조형물과 국 나무, 꽃, 지형에 대한 작명과 해설을 담은 푯말도 예쁘고 앙증맞다.

원시난대림

ACTIVITY

탐방길
(3km | 1시간 30분)

갈매기 카페-헐떡길-난대 원시림-환희의 언덕-몬당길-별정원-성화등대-쌍우물-동백길-사랑의 돌담길-마을회관

캠핑

원칙적으로 큰 배낭을 매거나 음식물을 가지고 입도할 수 없다. 캠핑을 금지하고 있는 섬이다.

환희의 언덕에서 바라본 풍경 | 별정원

FOOD

갈매기카페에서 커피와 음료는 물론 간단하게 먹을 수 있는 육개장, 버거, 우동 등을 판다. 쑥섬돌담집밥에서 막걸리와 백반, 쑥전, 수제비 등을 먹으려면 예약해야 한다. 당일 탐방의 경우 섬에 머물기를 두 시간 정도로 제한하고 있어 편안하게 앉아 먹기는 어렵다.

STAY

여행객들은 주로 외나로도에 있는 숙소를 주로 이용한다. 2024년 1월 현재 애도 내에 운영중인 숙소는 없다.

REFERENCE SITE & PHONE NUMBER

여행 안내

- 힐링파크 쑥섬쑥섬 (www.ssookseom.com | 010-2504-1991, 010-8672-9222)

숙박

- 우주in 쑥섬 (010-8418-3022)
- 갈매기카페 (010-4931-1578)
- 쑥섬돌담집밥 (010-9607-9795)

고양이 할머니 | 쌍우물
동백길 | 석부작

중빠진굴

여수시

손죽도
초도
거문도
낭도
사도
하화도
개도
금오도
안도
연도

072 손죽도

바다 위의 정원

쌍봉

손죽도는 면적이 채 3km²이 되지 않는 비교적 자그마한 섬이다. 여수항에서는 74km 떨어져 있으며 거문도, 초도와는 같은 여객선의 항로에 있다. 섬은 대부분은 산지와 구릉으로 이루어져 있다. 봉화산과 깃대봉을 중심으로 능선의 왼쪽 끝에는 삼각산의 쌍봉이, 오른쪽 끝은 마제봉이 단 하나의 마을을 병풍처럼 두르고 있다. 2017년 전라남도의 '가고 싶은 섬'에 선정된 이후, 둘레길이 조성되었고 많은 트레커들이 걷기 위해 섬을 찾아온다.

손죽도의 주민 수는 대략 150명을 전후하며 여느 섬과 다름없이 대부분 높은 연령대로 구성되어 있지만, 몇 년 전부터는 비교적 젊은 가구들도 섬에 들어와 살기 시작했다. 그들은 나름의 테마를 가진 민박을 운영하며 여행객들에게 힐링할 수 있는 공간과 건강한 먹거리를 제공하기도 한다. 그런 이유로 손죽도에서는 다양한 여정이 만들어진다.

봄이 되면 골목 구석과 그 너머 마당까지 오색의 꽃들이 흐드러지게 피어올라 마치 섬 전체가 커다란 화원을 방불케 한다. 섬 주민들이 약속이나 한 듯 나무와 꽃을 심고 집마다 크고 작은 정원을 일궈낸 결과다. 그래서 손죽도에서는 쉬엄쉬엄 마을을 산책하는 재미가 있다. 선착장에서는 부속 섬 소거문도, 광도, 평도로 또 다른 여객선이 오간다. 계획만 잘하면 섬에서 섬으로 여정을 이어갈 수도 있다.

선착장

TRAFFIC

여객선

여수연안여객터미널 → 손죽도

- 하루 1회, 07:60 출항 | 54분 소요

PLACE TO VISIT

한옥민박

마을 중앙에는 자연미 그윽하고 황토 찜질방까지 갖춘 한옥이 있다. 오래전 육지 생활을 청산하고 전 섬으로 들어와 사는 조순오, 김영란 씨 부부의 특별한 민박이다. 생존율 5%의 담도암 환자였던 김영란 씨는 손죽도에서 해조류 중심의 건강 밥상과 풍욕 등을 통해 암을 완치하였다. 부부의 이야기는 방송을 통해서도 소개되었고 이후 그것을 본 많은 사람이 한옥민박을 찾고 있다.

이대원 장군 사당 & 동상

매년 제사를 지낼 정도로 손죽도에서는 상징적 인물이다. 이대원 장군은 임진왜란이 일어나기 전 손죽도 인근 해상에서 왜선 20여 척을 섬멸시키는 등 전공을 크게 세운 인물이다. 이후 왜군의 재침공 때 22세의 나이로 순국했다. 당시 전라좌수사로 부임한 이순신 장군은 큰 인물을 잃어 손해를 보았다는 의미로 섬을 '손대도'라 불렀다. 마을 내의 사당은 전라남도 문화재자료 제239호로 지정돼있으며 이대원 장군 동상은 선착장과 삼각산 입구 두 곳에 세워져있다.

PHOTO SPOTS

반초섬과 소거문도

선착장에서 시작된 둘레길은 얼지 않아 능선으로 이어진다. 이때 해안절벽 너머로 반초섬과 소거문도의 장엄한 자태가 눈에 들어온다. 특히 안개가 많은 날에는 바다 위로 산이 솟은 듯한 신비스러운 광경을 연출한다.

쌍봉(삼각산)

쌍봉은 손죽도의 상징과 같은 봉우리다. 섬 어느 곳에서든 시야에서 벗어나는 일이 없는 좋은 피사체이자 배경이다. 반대로 직접 쌍봉 전망대에 올라 바라보면 마을을 포함한 섬 전체의 모습이 한눈에 펼쳐진다. 또한, 일출과 일몰마저 한자리에서 감상할 수 있는 손죽도 최고의 포토스폿이다.

이대원사당 | 이대원 장군 동상

ACTIVITY

트레킹
(9.5km | 4시간 30분)

손죽도항-마제봉-봉화산전망대-깃대봉 정상-손죽도 내연발전소-이대원장군동상-삼각산입구-전망데크1-전망데크2-정상(전망데크3)-손죽도 내연발전소-마을-손죽도항

캠핑

섬 곳곳에 전망데크가 설치되어있지만, 야영과 취사는 금지돼있다. 전망데크에서 무분별하게 야영과 취사가 이뤄지는 데에 손죽도 주민들의 우려가 깊다. 캠핑은 2021년 폐교된 손죽분교를 이용하는 것이 바람직하다. 마을 내에 '손대점빵'이라는 슈퍼가 한 곳 있다.

반초섬과 소거문도

FOOD

별도의 식당은 없으며 민박집에서 식사를 제공한다.

손죽도 막걸리

손죽도 막걸리는 갖가지 약초를 재료료 한다. 한약 향이 있으며 매우 걸쭉하고 단맛도 미세하게 느껴진다. 마을 내 박근례 할머니가 직접 담가 판다. 1.8L 1병이 5,000원.

STAY

3~4곳의 민박이 운영되지만, 계절에 따라 숫자가 다소 유동적이다.

손죽도 막걸리

REFERENCE SITE & PHONE NUMBER

주요 기관 & 여행 안내

- 손죽중계민원처리소 (061-659-1783)

음식 및 숙박

- 한옥민박 (010-3675-0440)
- 부두민박 (010-9336-1153)
- 손죽민박 (010-9875-3626)
- 빨간집민박 (010-3194-6389)
- 손대점빵 (010-9747-8845)
- 손죽도막걸리 (010-2702-7883)

신우대터널

한옥민박

한옥민박 밥상

평도 밤하늘

마을길

쌍봉진입로

손죽도 마을풍경

073 초도

월클 섬 밥상에 수제 막걸리 한 병

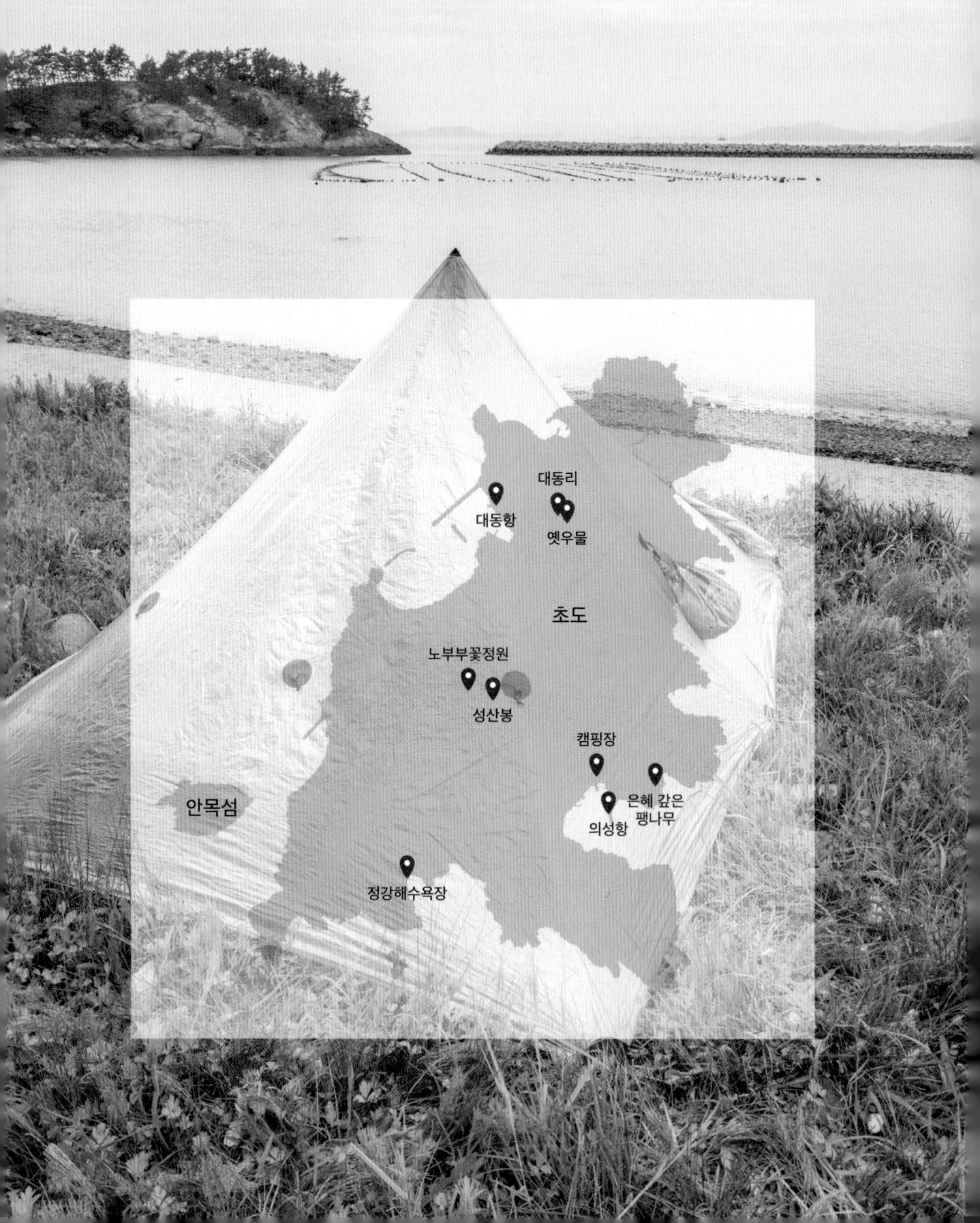

초도는 여수에서 뱃길로 77km 거리에 있는 섬이다. 지도를 펼치면 거금도와 남쪽의 거문도 중간지점에 섬이 위치하고 있다. 세 개 마을에 7.7km²의 면적으로 수도권의 장봉도와 비교하면 좀 더 큰 섬이다. 초도를 가기 위한 일반적인 방법은 여수항에서 쾌속선을 타는 것이다. 하지만 차량을 동반하고 싶다면 녹동에서 차도선을 이용하면 된다. 초도는 중앙의 상산봉을 중심으로 섬을 일주하는 순환도로가 나 있다. 따라서 어떤 마을을 베이스캠프로 해도 길의 중복 없이 간결한 트레킹과 라이딩을 즐길 수 있다. 상산봉은 보기에는 부담스럽지만, 대동마을에서 3시간이면 왕복 산행이 가능하고 또 반대편 정강재 방향으로도 내려올 수 있다. 정상 전망대에서 내려다보이는 푸른 바다의 걸출한 풍광과 화려한 일출, 일몰이 여정을 더욱 풍성하게 한다. 대동마을은 섬의 관문 역할을 하며 가구 수도 제일 많다. 지금은 폐교가 됐지만 2016년까지만 해도 중학교와 초등학교에 학생이 다녔다.

어민회관

초도는 해안선의 들고 남이 심하며 수심 깊은 청정해역을 가지고 있다. 그 덕분에 의성항은 언제나 어선들이 북적이고 수산물 또한 풍부하다. 진막마을은 임진왜란 때 조선 수군이 진을 쳤던 곳으로 제주 출신의 해녀가 많이 살고 있다. 특히 성수기에는 마을펜션과 먹거리센터에서 해녀들이 잡아온 해산물을 재료로 음식을 만들어 판다. 마을 앞의 안목섬은 한 달에 9일(음력 1, 2, 3, 4, 15, 16, 17, 18, 19일) 썰물 때 본 섬과 연결된다. 이때 드러난 300m의 바닷길에서 전복, 해삼, 소라 등을 잡을 수 있다.

대동 선착당

TRAFFIC

여객선

여수연안여객터미널 → 초도 의성항

- 하루 1회, 07:40 출항 | 1시간 5분 소요

녹동항 → 초도

- 하루 1회, 07:00 출항 | 1시간 30분 소요

마을버스

- 하루 5회 운행
- 경촌마을-의성항-진막마을-대동항-초도초교-의성항-경촌마을

PHOTO SPOTS

노부부의 꽃 정원

대동마을에서 진막마을로 넘어가는 고갯마루(지도에는 '맨주먹농장'으로 되어있음)에서 다시 산 쪽으로 120m가량 올라가면 노부부가 사는 하얀 집이 있다. 마을 사람들이 이구동성으로 추천하는 포토스폿으로 동화처럼 꾸며진 꽃 정원을 시작으로 섬의 해안과 푸른 바다까지 한목에 담을 수 있다.

※ 단, 촬영 전에 주인에게 허락을 받아야 한다.

진막마을

임진왜란 때 조선 수군이 진을 쳤던 곳으로 이름도 그것에서 유래됐다. 진막마을에는 지은 지 최소 50년 이상은 되었을 전통 어촌가옥들이 옛 모습을 간직한 채 남아있어 여행자의 발길을 멈추게 한다. 마을과 선착장 어디라도 좋지만, 특히 진해정이 있는 마을 윗길의 경치가 무척 아름답다.

PLACE TO VISIT

은혜 갚은 팽나무

의성마을선착장에 있는 팽나무에는 전해오는 이야기가 있다. 팽나무는 오래전 사라호 태풍 때 부러져 고사될 처지에 놓였다. 그런데 당시 마을에서 정치망 사업을 하던 김 사장이란 사람이 자신이 데리고 있던 선원들을 시켜 술을 마시기 전, 먼저 한 잔을 따라 나무 밑동에 부어주도록 하였다. 2년쯤 지나자 팽나무가 살아나고 점차 원래의 모습을 찾게 되었고, 훗날 김 사장이 병이 들어 자리에 눕게 되자 팽나무 목신이 꿈에 나타나서 한약방을 한 곳 알려줬다는 내용이다. 물론 김 사장은 그곳에서 약을 지어 먹고 완쾌했다.

대동마을 우물

대동마을의 폐교된 초도 옆에는 오래된 우물터가 있다. 상수도가 보급된 후에도 꾸준히 식수로 사용됐다. 자라난 풀들이 우물을 타고 덮어 마치 정글 속 샘물 같은 느낌을 받는다.

정강해변

규모는 작지만 곱고 오붓한 백사장에 주변 경치가 아름다워 초도 제일의 관광명소로 손꼽힌다. 화장실, 샤워장, 개수대가 조촐하게 갖춰져 있으며 특히 산에서 내려오는 계곡물이 해변까지 이어지는데 그 때문에 한여름에도 물 걱정이 없다.

진막마을 | 대동마을 우물

ACTIVITY

트레킹

산상봉 정상을 찍은 후 일주도로를 경유 원점 회귀하는 자신만의 코스를 만들어봄 직하다.

일주도로 트레킹 (9.5km | 3시간)
대동선착장-진막마을-정강해변-의성마을-대동마을-선착장

상산봉 등산
■ 정강재 코스 (4.1km | 2시간)
대동선착장-바람재-정자-정자-상산봉 정상-정강재
■ 대동마을 왕복 코스 (6.2km | 3시간)
대동선착장-바람재-정자2-정자1-상산봉 정상-바람재-대동마을

일주도로, 산상봉 혼합 코스
■ 상산봉 의성마을 코스 (10.4km | 5시간)
대동선착장-바람재-정자-정자-상산봉 정상-정강재-정강해수욕장(왕복)-정강재-의성마을-바람재-대동마을-선착장

■ 상산봉 진막마을 코스 (9.1km | 4시간 20분)
대동선착장-바람재-정자-정자-상산봉 정상-정강재-정강해수욕장(왕복)-정강재-진막마을-대동마을-선착장

캠핑

의성마을에 폐교시설을 이용한 펜션 겸 캠핑장이 있다. 마을에서 운영하는 것으로 데크 1면에 2~3만 원(전기 3만 원 별도) 수준이다. 백패킹의 경우, 대풍해수욕장(초지)과 정강해변(시멘트 바닥, 자립텐트 유리)에서 캠핑이 가능하다. 슈퍼는 대동마을에 두 곳, 의성마을에 한 곳 있다.

대풍해수욕장

FOOD

어민회관 섬밥상

어민회관은 초도의 유일한 식당으로 김양자 씨가 마을에서 위탁받아 운영하고 있다. 거북손, 홍합, 고동, 볼락, 건새우, 참게, 멸치, 파래 등 섬에서 나는 자연산 재료를 사용하는데 음식을 만들어내는 솜씨가 대단하다. 반찬은 가짓수도 많고 양도 늘 푸짐하다. 최고의 섬 밥상을 영접하는 데 드는 돈은 단돈 만 원이다.

변경숙 할머니의 초도막걸리

대동마을 안쪽에는 담벼락에 막걸리라 써놓은 집이 한 채 있다. 막걸리 가내 양조장이자 판매소다. 초도막걸리는 밀로 누룩을 만들고 쌀을 발효시켜 만들며 더덕이 들어간다. 5,000원 하는 1.8L 한 병이면 대대로 내려오는 섬 막걸리의 진수를 맛볼 수 있다.

은혜 갚은 팽나무

어민회관 김양자 씨 | 어민회관 밥상 막걸리할머니 | 초도막걸리

REFERENCE SITE & PHONE NUMBER

주요 기관 & 여행 안내

- 의성리사무소 (061-665-8561)
- 진막리사무소 (061-666-8520)

캠핑

- 의성리 펜션체험장/캠핑장 (청년회장 박현준 010-7466-2858)

음식 및 숙박

- 어민회관 섬밥상 (에덴민박 김양자 010-9007-3563, 010-2868-3563)
- 진막리해녀펜션먹거리센터 (이장 김기학 010-8813-8633)
- 초도막걸리 (010-4099-4689)
- 초도시인펜션 (김진수 010-5710-8588)
- 두산민박 (김성균 010- 3566-6346)
- 대동민박 (섬일주 관광 010-4014-3978)
- 다라주민박 (010-3625-86320
- 희망슈퍼 (061-666-0088)

정강해변

STAY

숙소가 많은 편이 아니다. 알려진 민박은 5~6곳 수준이다. 주말과 여름 성수기를 중심으로 진막마을, 의성마을에서 펜션체험장(4인 기준 6만 원, 20명 큰방 12만 원)을 운영하며 한시적으로 생겨나는 민박도 있다.

노부부꽃정원

074 거문도

지루함이 뭐예요?

거문도는 전라남도 여수시 삼산면의 중심이며 다도해의 최남단 섬이다. 거문도는 동도, 서도, 고도의 3개 섬으로 이루어져 있다. 고도와 서도는 삼호교로 서도와 동도는 거문대교로 각기 이어진다. 세 개 섬 중에 면적은 서도가 가장 크다. 하지만 행정과 편의시설의 대부분은 고도에 집중되어있고 여객선 역시 이곳으로 입출항한다. 거문도의 섬들은 도내해라 불리는 해역을 병풍처럼 둘러싸고 있다. 큰 배들이 자유롭게 드나들 수 있는 자연적 조건 때문에 거문도는 일찍이 어선과 무역선들의 피항지였으며 19세기 말에는 열강들의 각축장이 되기도 했다. 동도는 거문도의 최고봉인 망향산(247m)을 자랑하고 있지만, 등산로가 완비되지 않아 일반인들의 접근이 쉽지 않다.

남북으로 길게 뻗은 서도의 양 끝에는 거문도등대와 녹산등대가 있다. 두 등대 사이 능선길을 서도지맥이라 하는데, 이는 거문도가 자랑하는 대표적 트레킹 코스다.

거문도의 능선길은 안전하게 정비되어있어 걷기에 편안하다. 해안 절경이 모습을 바꿔가며 쉴 틈 없이 나타나기 때문에 지루함을 느낄 틈이 없다.

거문도 여행은 최소 2박 3일 이상의 일정을 추천한다. 거문도등대 트레킹으로 하루를 보냈다면 다른 하루는 인어해양공원과 녹산등대를 둘러보고 유람선을 타고 백도도 다녀와야 한다.

거문도항

TRAFFIC

여객선

여수연안여객터미널 → 거문도항

- 하루 2회 운항 | 2시간 20분 소요

※ 출항시간 : 07:40, 16:00 (계절에 따라 시간변동)

녹동항 → 거문도항

- 하루 1회, 07:00 출항 | 1시간 30분 소요

마을버스

- 하루 6회 운행
- 요금 2000원
- 거문도항-삼산면사무소-덕촌리사무소-거문도뱃놀이전수관-서도여객선선착장-이금포해수욕장 입구-녹산등대입구-유촌마을회관-죽촌마을회관

PLACE TO VISIT

불탄봉 전망대

불탄봉은 과거 일본군의 벙커가 있던 곳이다. 일제강점기에 일본군들이 쏜 포탄이 떨어져 불이 났다는 데서 유래된 이름이다. 불탄봉 전망대는 고도와 거문도항의 아름다운 풍경을 온전하게 촬영할 수 있는 최적의 장소다.

신선바위

신선바위에는 신선이 내려와 바둑을 두고 풍류를 즐겼다는 전설이 있다. 바위 위에 올라서면 수월산 해안절벽과 그 끝점에 아슬아슬하게 매달린 거문도등대의 모습이 드러난다.
거문도를 상징하는 최고의 비경으로 손꼽힌다.

녹문정 전망대

녹문정 전망대는 녹산탐방로의 입구에 자리하고 있다. 이곳은 거문대교는 물론 거문도의 전경을 한눈에 내려다볼 수 있는 포토스폿이다. 또 날씨가 맑은 날에는 고흥의 팔영산, 장흥의 천관산은 물론 제주도까지 조망된다. 특히 가을날에는 인어해양공원까지 이어진 탐방로 주변으로 황금빛 억새밭이 펼쳐져 절정의 풍광을 연출한다.

PHOTO SPOTS

거문도등대

거문도등대는 남해안 최초의 등대로 1905년 첫 등을 밝혔다. 100년 동안 뱃길의 길잡이가 되었던 원형의 구 등탑을 남겨둔 채 2006년 높이 33m의 육각형 등탑이 신축되었다. 등탑 꼭대기 층에는 전망대가 설치돼있으며 항로표지소가 주관하여 관광객들에게 콘도식 숙소를 제공하는 등대체험 프로그램도 진행 중이다.

인어해양공원과 녹산등대

인어해양공원은 '녹문정'에서 탐방로를 따라 북쪽으로 600m 되는 거리에 자리하고 있다. 신지끼라 불리는 거문도 인어는 매우 아름다운 자태를 가졌으며 태풍이 올 때 나타나 돌을 던지거나 소리를 내어 어부들이 바다로 나가지 못하도록 했다고 전해진다. 공원 내에 인어상이 있다.

백도

백도는 거문도의 동쪽으로 28km 거리에 있는 작은 섬 군락으로 형형색색의 기암과 해안절벽이 절경을 이루는 곳이다. 국가지정문화재로 자연생태와 환경이 고스란히 보존되어있어 거문도를 찾는 관광객이라면 반드시 들려야 할 으뜸 명소로 인정받고 있다.

ACTIVITY

트레킹

서도지맥을 종주하려면 대략 7시간을 걸어야 한다. 하지만 여행객들은 삼호교 부근 덕촌리를 시작점으로 거문도등대까지 이어지는 4~5시간의 코스를 가장 많이 걷는다. 이는 여객선의 입출항 시간과 숙박시설이 많은 고도까지의 동선을 고려하기 때문이다.

산행 코스

■ 종주 코스 (13km | 7시간)

거문도뱃노래전수관-음달산-불탄봉-억새군락지-기와지붕몰랑-신선대-보로봉-수월산-거문도등대-삼호교-고도

■ 일반 코스 (8.8km | 5시간)

고도-삼호교-덕촌리-불탄봉-억새군락지-기와지붕몰랑-신선대-보로봉-수월산-거문도등대-삼호교-고도

거문도 뱃노래길

■ 동백꽃 숲길 (1.2km | 1시간)

거문도 자연관찰로-무넹이-선바위-동백터널숲-거문도등대

■ 녹산등대 가는 길 (3km | 2시간)

서도마을-전망대(녹문정)-인어해양공원-녹산등대-이금포 해수욕장-서도마을

캠핑

거문도는 다도해 해상 국립공원에 속하며 취사와 야영이 원칙적으로 금지돼있다.

덕촌리 마을 | 고도

신선바위 최고비경

FOOD

고도에만 50여 곳에 가까운 식당이 밀집돼있다. 당연히 취급하는 메뉴도 다양해서 육지와 다름없이 골라 먹을 수 있다. 특히 강동횟집은 생선회는 물론이고 백반만으로도 술안주를 대신할 수 있을 만큼 반찬이 좋으며 인심 또한 후해서 단골이 많다.

- 강동횟집 : 생선회 (생방송투데이 1106회)
- 제일식당 : 생선회, 매운탕 (2TV생생정보 55회)

STAY

고도와 서도에 50여 곳의 숙박업소가 있다. 민박도 시설이 깨끗한 편이며 비수기에는 매우 저렴하게 이용할 수 있다.

고도민박은 1925년 지어진 적산가옥을 리모델링하여 운영하고 있으며 영농조합법인 '거문도해풍쑥'의 숙박시설은 10인 기준 1박에 30만 원~35만 원 수준으로 단체 이용객들에게 인기가 좋다.

REFERENCE SITE & PHONE NUMBER

주요 기관 & 여행 안내

- 삼산면사무소 (061-659-1257)
- 거문도등대 (061-666-0906)
- 여수지방해양수산청 (등대체험 신청 | yeosu.mof.go.kr | 061-650-6000)

교통

- 백도유람선 (010-2650-0778 | 29,000원)
- 백도유람선 (우주스타호 | 010-2608-0838 | 29,000원)
- 백도유람선 (용주호 | 010-7742-9090 | 29,000원)

숙박

- 거문도해풍쑥 (숙박 및 힐링체험장 | gmdssuk.com | 061-644-6968)
- 거문도섬호텔 (061-665-6700)
- 빌라섬펜션 (010-3163-2221)
- 미화펜션민박 (010-3103-4901)
- 시랜드모텔 (061-665-1126)
- 해밀턴모텔 (061-666-4242)
- 대송민박 (061-666-9392)
- 고도민박 (godoinn.kr | 061-665-7288)
- 백도민박 (010-2443-6318)

음식

- 강동횟집 (061-666-0034)
- 제일식당 (061-666-1029)
- 낭만짬뽕포차 (061-665-5882)
- 영광반점 (061-665-2393)

서도지맥 비경

인어해양공원과 녹산등대

거문도 옛등대

거문도 등대

075 낭도

더도 말고 덜도 말고 지금만큼만

이리 낭(狼)자를 쓰는 낭도는 여수시 화정면에 속한 섬이다. 과거에는 여수항에서 배를 타고 2시간을 가야 했지만, 2020년 고흥에서 여수 사이에 4개의 다리가 이어지면서 적금도, 낭도, 둔병도, 조발도와 함께 차량으로 접근할 수 있는 섬이 되었다. 낭도는 다리가 놓이기 전부터 섬 여행객들에게 관심을 받는 섬이었다. 면적 5km²의 적당한 크기에 두 개의 마을과 숨겨진 해변, 그리고 주상절리를 비롯해 절경의 해안을 거쳐 가는 예쁘고 오밀조밀한 걷기 길을 가지고 있기 때문이다. 게다가 아름다운 해변을 전면에 펼쳐두고 환경이나 시설 면에서도 최고의 수준을 자랑하는 캠핑장 또한, 낭도의 자랑이다.

낭도가 다른 섬과 차별되는 것은 뭐니 뭐니 해도 전통 양조장을 가지고 있어서다. 낭도의 중심지 여산마을에 있는 양조장은 그 역사가 100년에 달해 '백년도가'가 불린다.

낭도가 육지와 연결되자 여행에 대한 기대가 더욱 커졌다. 섬 곳곳에 관광객을 위한 카페와 식당들이 들어서고 새로운 콘텐츠가 생겨나기 시작했다. 최근 조성된 '갱번미술길'은 담벼락 갤러리, 마을쉼터, 포토존으로 구성돼있으며 전체 구간만 해도 3km에 이른다. 그리고 고흥군 우두에서 출발해 화양면 나진까지 가는 마을버스 노선도 도입되면서 섬과 섬을 이어가는 대중교통 투어도 가능해졌다.

사도는 낭도등대에서 직선거리로 250m 떨어져 있는 별도의 섬이지만 행적 구역상으로는 낭도리에 속한다. 그런 이유로 낭도에는 여산, 규포를 포함하여 3개의 마을이 있다고 이야기한다. 머지않은 장래에 낭도에서 사도까지 인도교가 놓일 전망이다. 다리가 놓이면 주민들의 생활이 편해지고 여행객의 접근도 쉬워진다. 하지만 시간이 흐를수록 본래 섬이 가졌던 정서는 점차 색을 잃어가게 된다. 섬 여행을 서둘러야 할 이유다.

장사금해변

TRAFFIC

여객선

여수연안여객터미널 → 낭도

- 하루 1회, 14:00 출항 | 2시간 소요

※매주 일요일 휴항

백야도항 → 낭도

- 하루 1회, 08:00 출항 | 1시간 25분 소요

화정면 마을버스 220번

- 하루 8회 운행, 나진발 첫차 06:10 ~ 막차 18:00 | 1,500원
- 화양나진-세포-장등마을-조발마을-둔병마을-낭도 규포마을-낭도 여산마을-적금마을-고흥 우두

낭도 해안비경

PLACE TO VISIT

100년도가 낭도막걸리 양조장

'백년도가'로 불리는 양조장은 4대째 가업으로 이어져 왔으며 그 역사가 100년이 넘는다. 백년도가에서 생산되는 '낭도젖샘막걸리'는 철분이 함유된 심층수를 사용하며 아직도 재래식 큰 독에 누룩을 넣어 발효한다. 초창기 낭도막걸리는 옥수수를 재료로 했고 그다음은 밀, 그리고 현재는 밀과 쌀을 섞어 쓴다. 다리가 놓인 후에도 낭도막걸리는 소량 생산을 고집하며 육지로 반출을 하지 않는다. 그 때문에 여전히 낭도에서만 맛볼 수 있는 귀한 술이다.

장사금해변

낭도 해변에 비해 비교적 덜 알려진 프라이빗비치다. 갯바위를 사이에 두고 두 개의 백사장으로 나뉘어있는 해변은 아담하지만, 경치가 매우 아름답다. 시설물이라고는 해변진입로에 조성된 돌담길이 전부다. 깊은 U자형의 해변은 잔잔하고 수위가 낮아 아이들과 함께 즐기기에 더욱 좋다.

규포마을

낭도의 마을 중 하나다. 여산마을에 비해 상대적으로 덜 알려졌다. 마을은 고즈넉하고 옛 섬의 정취가 남아있다. 주민들은 이곳을 도장개로 부르는데 마을 앞 해안가의 모양을 따서 이름에 붙인 것이다. 포구에서 선착장으로 이어지는 해안길이 특히 운치가 있으며 이곳에서 조발도와 둔병대교의 모습을 볼 수 있다.

PHOTO SPOTS

갱번미술길

공공미술 사업으로 조성된 '갱번미술길'은 갤러리, 마을쉼터, 낭도 포토존으로 구성돼있다. 갱번이란 해안가를 뜻하는 방언이지만, 섬사람들은 썰물과 밀물 사이 가장 아름다울 때의 바닷가를 뜻한다고 이야기한다. 갱번미술길의 전체 3km 구간 중, 마을 초입부터 1km 정도 이어진 '담벼락갤러리'가 메인 코스다. 낭도와 관련한 작품보다는 작가 개인의 성향에 따라 주제가 분산돼있어 아쉬움이 있다.

해안비경

낭도해수욕장 끝에서 방파제를 돌아 이어진 해안은 마치 비경의 각축장과 같다. 쌍용굴, 주상절리, 신선대, 천선대, 공룡발자국화석, 남포등대 등 어느 것 하나 놓칠 수 없는 자연의 창조물이다. 주상절리 위에 탐방객이 쌓아놓은 돌탑 또한 인상적이다. 앵글을 바꿔가며 촬영하면 재미있고 다양한 사진을 얻을 수 있다.

포토존

낭도선착장에서 캠핑장과 장사금해변 방향으로 이어지는 도로는 해안가 절벽 위에서 멈춘다. 이곳에는 빨간색 등대와 여우조형물이 앙증맞게 세워진 포토존이 있다. 이곳은 전망이 좋아 오래전부터 여행객들이 꼭 들려야 할 스폿으로 알려져 왔다. 포토존의 사각프레임은 인증샷을 찍기에 적당하지만 온전한 사도의 모습을 촬영하려면 조금은 벗어나야 한다.

규포마을

ACTIVITY

트레킹
(9.5km | 4시간 30분)

상산을 중심으로 하는 두 개의 마을과 산길, 해안길을 고려하면 정해진 코스 외에도 많은 조합을 만들 수 있다. 무엇보다 중요한 것은 시작점으로의 복귀다. 체력과 시간을 고려해서 코스를 설계하는 것이 중요하다.

낭만낭도 섬둘레길 (7.5km | 2시간 30분)

낭도중학교→낭도방파제→신선대→천선대→산타바오거리→장사금해수욕장→역기미삼거리→규포선착장

- 낭만 1길 (50분)

캠핑장-방파제-신선대-천선대-산타바오거리

- 낭만 2길 (1시간)

산타바오거리-장사금해변-역기미삼거리

- 낭만 3길 (40분)

역기미삼거리-규포선착장

상산등산로

- 1코스 (상산 왕복 코스 | 2시간 30분)

낭도선착장 등산로입구-상산 정상-낭도선착장

- 2코스 (3시간)

낭도선착장 등산로입구-규포분기점-규포마을-꼬막개-여산마을-낭도선착장

- 3코스 (4시간)

낭도선착장 등산로입구-상산 정상-규포선착장-규포마을-꼬막개-여산마을-낭도선착장

- 4코스 (3시간 30분)

낭도선착장 등산로입구-상산 정상-역기미분기점-역기미삼거리-산타바오거리-캠핑장-낭도선착장

추천 코스 (11km | 4시간)

낭도선착장-캠핑장-방파제-신선대-천선대-산타바오거리-장사금-역기미삼거리-역기미분기점-상산 정상-규포선착장-규포마을-꼬막게-여산마을-선착장

※남쪽해안의 비경을 둘러보고 상산 정상을 거쳐 규포선착장으로 하산 후 도로를 따라 여산마을과 낭도선착장으로 복귀하는 코스

캠핑

낭도 중학교 폐교터에 캠핑장이 있다. 차박과 오토캠핑이 가능하며 길 건너 낭도해변에도 사이트가 있다. 여행의 베이스캠프로 입지조건이 뛰어나고 시설관리가 양호하다.

낭도야영장 네이버 밴드를 통해 예약과 정보를 얻을 수 있다. 현재 2,000명 이상이 가입 중이다. (band.us/band/83719280)

- 데크동 40,000원 / 차박동 30,000원 / 해안가 텐트동 (선착순) 20,000원
- 연박, 비수기 할인
- 캠핑장 건너편에 '낭도거기카페'가 매점 역할을 한다.

캠핑장

낭만낭도 섬둘레길

갱번미술길

FOOD

백반 이상의 식사를 할 수 있는 곳은 백년도가식당, 낭도애식당 두 곳이다. 낭도의 간이음식점들은 낭도막걸리, 서대회, 해물파전 등의 간단한 메뉴로 여행객을 맞는다.
100년도가식당은 막걸리 식초를 사용해 서대회 무침을 만든다. 해초비빔밥도 평가가 좋다.

- 100년도가식당 : 낭도막걸리, 해초비빔밥, 서대회초무침 (생방송투데이 2777회) / 남도막걸리반상 (생방송투데이 2523회) / 막걸리 (생방송투데이 2110회)

STAY

5곳의 펜션과 민박이 있다. 그중 '낭도의아침펜션'이 시설과 청결도에서 우수한 평가를 받고 있다.

백년도가

REFERENCE SITE & PHONE NUMBER

주요 기관 & 여행 안내

- 낭도 관광안내센터 (061-666-0807)
- 화장면사무소 낭도중계소 (061-659-1760)
- 여수시 섬 지원개발과 (061-659-3987)

음식

- 100년도가식당 (061-665-8080)
- 낭도애식당 (0507-1370-3297)
- 낭도거기카페 (010-3626-9827)
- 낭도구억식당 (0507-1374-9596)
- 낭도어부 (0507-1367-0825)
- 하나로마트여수낭도점 (061-665-4887)

숙박

- 낭도의아침 (nangdohouse.modoo.at | 010-6421-8817)
- 낭도파크 (식당 및 숙소 | 010-5033-7254)
- 낭도여산민박 (061-665-0850)
- 낭도꿈뜰펜션 (061-666-3366)

낭도막걸리

포토존

포토존에서 바라본 사도 전경

076 사도

아주 옛날에는 공룡이 살았다는데

여객선에서 바라보면 사도는 해수면과 거의 일치할 정도로 납작한 모습을 하고 있다. 섬에는 20여 가구에 40여 명의 주민이 민박과 밭농사를 하거나 수산물을 채취하며 살아간다. 사도에는 산이 없다. 단 하나의 마을이 끝나는 지점에 작은 구릉이 하나 있을 뿐이다. 사도 본섬은 둘레가 2km에 지나지 않지만 이어진 부속 섬들을 포함하면 6km로 늘어난다. 본섬과 부속 섬들까지 찬찬히 살펴보려면 하루가 부족하다. 마을에 민박집이 많은 이유도 그 때문이다. 사도는 본섬을 중심으로 중도, 증도, 장사도, 추도 그리고 바위 섬 두 개를 포함하여 총 7개의 섬으로 구성되어있다. 매년 정월 대보름과 음력으로 2월 영등사리 때에는 바닷길이 크게 열리며 추도를 포함한 7개 섬이 ㄷ자 모양으로 연결되는 장관이 펼쳐진다. 사도와 간뎃섬이라 불리는 중도는 다리로 연결되어있고 주변에는 끝이 뾰족한 공룡 발자국들이 해안 퇴적층 위로 선명하게 놓여있다. 양면해변은 두 섬 사이의 사주를 일컫는 말이다. 중도와 증도는 양쪽에 바다를 거느린 양면해변 모래톱으로 상시 이어져 있으며 썰물이 되면 추도를 제외한 나머지 섬들도 걸어서 들어갈 수 있다.

양면해변에서 캠핑

TRAFFIC

여객선

여수연안여객터미널 → 사도

■ 하루 1회, 14:00 출항 | 1시간 50분 소요

※매주 일요일 휴항

백야도항 → 사도

■ 하루 1회, 08:00 출항 | 1시간 25분 소요

낭도 → 사도

■ 하루 5회 운항 | 10분 소요

PHOTO SPOTS

물 빠진 양면해변

썰물이 되어 양면해변 양쪽으로 물이 완전히 빠지면 작은 바닷가 갯돌들이 파래를 뒤집어쓴 채 고개를 내민다. 그러면 섬 주민들이 광주리를 옆에 끼고 하나둘 해변으로 들어서기 시작한다. 푸르름과 초록 그리고 주민들의 일상이 정적으로 교차하는 순간이다.

선착장 일출

사도선착장은 아침이 아름답다. 아침 해가 떠오르기 전의 붉은 기운은 고깃배가 정박해있는 피항장까지 밀려든다. 그리고 건너섬, 추도 너머로 일출이 시작된다. 조금 일찍 일어나면 사도에서는 보다 많은 것을 얻을 수 있다.

PLACE TO VISIT

증도 (시루섬)

중도에서 양면해변을 거쳐 증도로 건너가면 거북선 제작의 모티브가 되었다는 거북바위와 사람 옆모습 형상의 얼굴바위 그리고 용암이 바다로 흘러내리다 굳으면서 만들어진 길이 30m의 용미암을 만나게 된다. 용미암은 그 암맥이 제주도 용두암까지 이어진다. 사도의 지형은 7,000만 년 전 중생대 백악기 화성암인 중성화산암류와 퇴적암이 대부분을 차지하고 있어 학술 가치가 매우 뛰어나다.

추도

추도는 사도에서 불과 750m 떨어진 섬으로 국가지정문화재 보호구역이다. 추도에는 세계 최대 길이를 자랑하는 84m의 공룡 보행렬을 포함하여 사도보다도 두 배 이상 많은 1700여 점의 공룡 발자국 화석이 분포돼있다. 그리고 100년 이상이 되었다는 옛 돌담과 시루떡처럼 층층이 쌓인 해안 퇴적층을 볼 수 있다. 정기적으로 다니는 도선은 없는 대신 사도나 인근 섬 낭도에서 낚싯배를 타고 입도할 수 있다.

선착장 일출

ACTIVITY

트레킹
(3.2km | 1시간 30분)

선착장-마을 앞 도로-공룡알화석지-양면해변-거북바위-얼굴바위-용미암(회귀)-양변해변-공룡알화석지-동산-마을뒤해안길-사도관광센터-선착장

캠핑

양면해변에서 캠핑이 가능하지만, 다수의 텐트를 동시에 설치할 공간으로는 모자란다.
또한 성수기에는 많은 탐방객이 찾아들어 불편함을 느낄 수 있다. 되도록 비수기나 평일의 소규모 캠핑을 추천한다. 또한, 텐트를 칠 때는 물이 들어왔던 자국을 잘 살펴야 한다. 밀물이 되면 사빈의 가운데 부분부터 잠기기 시작하며, 삭, 망으로 다가갈수록 해수면이 높아져서 자칫 낭패를 볼 수 있기 때문이다.

사도

공룡발자국 화석

거북바위

공룡모형

FOOD

사도에는 식당이 없다. 하지만 민박집 밥상이 맛있기로 유명하다. 주민들이 삼삼오오 직접 키워 낸 채소들을 다듬는 모습은 사도에서 흔하게 볼 수 있는 장면이다. 물 빠진 바닷가에서 채취한 군벗, 배말, 거북손, 파래 등의 해산물 역시 섬 밥상의 재료가 된다.

STAY

15곳의 민박이 있다. 대부분 가정집을 이용한 민박이라 아주 큰 방은 없다. 성수기나 봄가을 주말에는 탐방객이 많으니 예약을 서둘러야 한다. 숙박비는 2인 기준 4만 원 전후로 비교적 저렴한 편이다.

REFERENCE SITE & PHONE NUMBER

주요 기관 & 여행 안내

- 사도공룡체험학습장 (061-659-1760)

음식 및 숙박

- 사도횟집민박 (061-666-9199)
- 모래섬민박 (061-665-6580)
- 우리동네민박 (010-5638-4505)
- 사도한옥민박 (010-6620-0013)
- 땅이네민박 (061-665-9203)
- 안나네민박 (061-666-9196)
- 포나무집민박 (061-665-0019)
- 철이민박 (010-5447-5235)

마을 앞

증도 (시루섬)

추도

077 하화도

봄이 오면 섬에 들에

여수에서 24km 떨어져 있으며 지도에서 보면 영락없이 여성의 하이힐을 닮은 0.7km² 크기의 자그마한 섬이다. 예로부터 동백, 유채, 진달래, 구절초 등이 전역에 만발하여 건너 바다의 상화도와 함께 꽃섬으로 불렸다. 하화도는 오래전 백패커들과 트레커들에 의해 알려지기 시작한 후, 현재는 내로라하는 명품 섬이 되었다. 텐트 한두 동이 고작이던 애림민야생화공원이 마을의 공식 야영장으로 인정받으면서 하화도는 섬 백패킹의 명소로 사랑받고 있다. 해안선 길이가 6.4km인 섬에는 5.7km의 트레킹 코스가 조성돼있다. 바다를 조망하며 힘들이지 않고 걸을 수 있는 코스의 이름은 꽃섬길, 한 바퀴 돌고 나면 꽃도 섬도 내 것이 된 듯 뿌듯해진다. 꽃섬길은 해안절벽 위를 지나고 구름다리를 건너가며 짜릿한 기분을 느끼게 하지만 매우 안전하고 편안하다.

하화도는 당일로 많이 다녀오는 섬이다. 여수항과 화정면 백야도선착장에서 배편이 넉넉하다. 여수를 여행할 때 더불어 다녀오거나 주변의 사도, 낭도, 개도 등의 섬과 연계해 여정을 늘려가도 좋다.

꽃섬다리

TRAFFIC

여객선

여수연안여객터미널 → 하화도

- 하루 1회, 14:00 출항 | 1시간 30분 소요

※매주 일요일 휴항

백야도항 → 하화도

- 하루 4회 운항 | 50분 소요

PLACE TO VISIT

꽃섬다리

해안절벽 사이의 협곡에 설치된 60m 길이 100m의 출렁다리로 2017년 개통되었다. 하화도의 제1명소로 알려진 꽃섬다리는 그 모습 자체로도 아름답지만, 다리 중간지점에서는 절벽 아래 숨겨진 큰 굴의 비경과 바다 건너 상화도의 오롯한 자태를 감상할 수 있는 포토존의 역할도 한다.

PHOTO SPOTS

낙조

하화도의 낙조는 장구도가 조망되는 막산 전망대 탐방로를 촬영스폿으로 꼽지만 예림민야생화공원에서도 좋은 사진을 얻을 수 있다. 상화도와 낭도의 능선을 겹겹이 펼쳐두고 고흥 팔영산 위로 저무는 태양의 모습에서는 호젓한 섬 저녁 분위기가 한껏 느껴진다.

꽃 사진

예로부터 다양한 야생화가 피고 지는 하화도를 사람들은 꽃섬이라 불렀다. 탐방길을 걷다 보면 진달래, 찔레꽃, 유채, 구절초, 부추꽃, 원추리 등의 아름다운 꽃 군락을 쉴 사이 없이 만나게 된다. 특히 봄에는 철쭉으로 빨갛게 물든 마을 뒤편 언덕, 유채꽃의 시짓골 전망대 그리고 가을에는 흰 꽃 축제가 열리는 구절초공원이 꽃 사진 명소로 꼽힌다.

예림민공원 캠핑

ACTIVITY

트레킹

하화도 꽃섬길(5.7km | 약 3시간 소요)
아름다운 해안 풍광과 곳곳에 피어난 야생화를 즐기며 섬을 한 바퀴 도는 코스다. 남녀노소 누구나 가벼운 차림으로 쉽게 걸을 수 있다.

- 선착장–낭끝전망대–시짓골전망대–휴게정자 2–순넘밭넘구절초공원–큰산전망대–깻넘전망대–꽃섬다리–막산전망대–큰굴삼거리–애림민야생화공원–선착장

캠핑

예림민야생화공원은 오래전부터 백패커들이 알음알음 찾아와 캠핑을 즐겼던 장소다. 주민들은 오히려 그들을 위해 공간을 단장하고 화장실과 수도시설도 만들어주었다. 예림민야생화공원은 캠핑을 포함 탐방객들의 휴식 장소로도 환영을 받고 있다.

큰 산 전망대 | 꽃섬길

FOOD

선착장 부근으로 마을 부녀회 식당, 슈퍼를 겸한 식당 그리고 펜션과 함께 운영되는 식당들이 들어서 있다. 백반을 주메뉴로 하며 막걸리와 어울리는 서대회무침, 해물파전, 문어숙회 등의 안줏거리도 판다.

STAY

마을에서 운영하는 펜션과 더불어 3~4곳의 숙박 시설이 있다.

REFERENCE SITE & PHONE NUMBER

음식 및 숙박

- 하화도낭만민박펜션 (010-9881-7093)
- 섬바다식당 (꽃섬길횟집 010-8638-5892)
- 꽃섬민박식당 (061-665-1002)
- 하화도마을펜션 (부녀회식당 010-9605-5576 | 061-665-4807)
- 와쏘식당 (010-9281-2461)

하화도 꽃섬길
철쭉언덕 | 구절초공원

하화도 전경

낙조

078 개도

막걸리와 장어탕의 유혹

개도저수지

개도는 여수시 317개 섬 중에 돌산도, 금오도에 이어 세 번째로 큰 섬이다. 행정구역상으로는 우리에게 잘 알려진 백야도, 낭도, 하화도 등과 함께 화정면에 속해있다. 개도에는 6개의 마을과 3개의 여객선 항이 있다. 화산마을은 가구 수도 가장 많고, 초등학교, 중학교를 비롯 행정 편의시설이 들어서 있는 명실공히 섬의 중심지다. 물론 섬의 관문 역할도 화산선착장이 한다.

개도는 몇 년 사이 걷기 붐이 일면서 많은 탐방객이 찾아드는 섬이 되었다. 섬에는 오랜 주민들이 평생을 지르밟으며 땔감을 하러 다니거나 소몰이하던 길이 있었다. 개도사람길은 그 삶의 자취를 따라 조성되었다.

또한, 개도는 새로운 백패킹 메카로 자리매김하고 있다. 모전 몽돌해변에 이어 최근에는 청석포해변의 너럭바위 지대가 명소로 공유되면서 백패커들 사이에서 인기몰이 중이다.

예로부터 개도는 물맛이 좋았다. 섬의 남쪽 천제봉에서 흘러내린 청정수는 개도막걸리의 근원이 되었다. 개도는 먹거리가 풍부한 섬이다. 이곳에서 생산되는 참전복은 적당한 수온에다 파도의 영향을 덜 받는 독특한 지형 탓에 찰지고 맛이 좋다. 풍부한 해산물에 고유의 솜씨를 더한 개도의 음식들은 탐방객들의 마음을 설레게 한다. 탐방객들은 열심히 섬을 걷고 장어탕이나 참전복에 막걸리를 곁들이며 여행의 즐거움을 만끽한다.

청석포해변

TRAFFIC

여객선

여수연안여객터미널 → 개도화산항

- 하루 3회 운항 | 1시간 소요

백야도 → 개도화산항

- 하루 11회 운항 | 20분 소요

여수연안여객터미널 → 개도모전항, 여석항

- 하루 1회, 14:00 출항 | 1시간 5분 소요

마을버스

- 하루 5회 운행
- 화산-여석-모전

신흥마을

PHOTO SPOTS

2코스 벼랑 전망대

2코스 막바지 해안절벽 구간에 있는 스폿으로 이곳에서 바라다보는 풍광은 개도 최고의 절경으로 손꼽힌다. 배성금 벼랑 그리고 배성금, 청석금, 청석포해수욕장 라인과 솔머리산이 감싸 안은 삼각 바다는 마치 칼데라호의 느낌마저 들게 한다.

PLACE TO VISIT

모전해변

길이 300m 폭 50m의 작고 아담한 몽돌해변으로 호녁개라고도 불린다. 모전해변은 생금산, 봉화산, 천제봉이 이루는 산줄기와 그 반대편으로 길게 뻗어 난 해식지형 사이에 깊게 숨어있다. 파도와 바람의 영향을 받지 않아 특산물인 멸치를 삶고 건조하는 장소로 이용되었고 여름철에는 해수욕장의 역할도 톡톡히 해왔다. 주변 풍광이 뛰어나고 예스러움을 간직하고 있어 개도에서는 꼭 들려봐야 할 명소로 꼽힌다.

청석포해변

청석포는 해변을 이루는 돌의 색깔이 푸른빛을 띤다고 해서 붙여진 이름이다. 파도가 센 지형적인 이유로 해변은 다소 거친 모습을 하고 있지만, 맑은 날씨에는 제주도까지 조망될 정도로 시야가 좋다. 주변에는 너럭바위 지대가 있다. 과거 개도 사람 전체가 모여 화전놀이를 했다고 전해질만큼 넓고 편평해 새로운 명소로 주목을 받고 있다.

ACTIVITY

트레킹

개도사람길

■ 1코스 (4.5km | 2시간)

화산선착장 → 호령마을

■ 2코스 (3.4km | 3시간)

호령마을 → 배성금

■ 3코스 (4km | 1시간 40분)

배성금 → 정목

등산 코스 (7.8km | 2시간 45분)

화산선착장–너운당–봉화산–천제봉–신흥마을

캠핑

개도의 캠핑모드는 대부분 백패킹이다. 모전해변의 넓고 편편한 몽돌밭은 밀물에도 대부분 노출돼있어 캠핑에 안성맞춤이다. 도로와 인접해 접근이 쉽고 뒤편에 마을이 있는 것 또한 이점이다. 청석포의 너럭바위 지대는 뛰어난 자연환경 속에서 익스트림한 캠핑을 경험할 수 있는 장소다. 단 예기치 않은 날씨 변화에 신경을 써야 한다.

모전해변

FOOD

식당이 많은 편은 아니지만 대부분 평가가 좋다. 또한 민박집의 밥상도 푸짐하고 맛있다.

화산항의 갯마을식당은 개도를 대표하는 맛집이다. 듬성듬성 큼직하게 썰어낸 자연산 생선회도 일품이지만 큼지막한 바닷장어를 뚝배기에 넣고 된장을 풀어 끓여낸 장어탕(1만 원)은 구수함과 얼큰함이 최상의 합을 이루는 별미 중 별미다.

천제봉의 좋은 물로 빚은 개도막걸리는 조선시대부터 유명했던 섬 막걸리다. 여수 근방에서도 보약 한 사발이라 부르며 최고로 여겨왔다. 화산마을에 양조장이 있으며 섬의 어느 곳이든 배달 서비스도 하고 있다. (1박스 이상)

STAY

10곳 정도의 민박과 펜션이 있다. 화산마을의 개도중앙펜션, 모전해변이 가까운 호령마을의 월심이네민박펜션이 비교적 이용률이 높고 평가가 좋다.

개도막걸리

REFERENCE SITE & PHONE NUMBER

주요 기관 & 여행 안내

- 화전면사무소개도출장소 (061-659-1743)
- 하나로마트 여수농협개도지점 (061-666-8610)

교통

- 마을버스 (010-9946-8920)

음식 및 숙박

- 갯마을식당 (010-4137-2225)
- 개도양조장 (061-666-8607)
- 개도횟집 (061-665-1517)
- 월심이네민박펜션 (010-9201-1601)
- 중앙펜션민박식당 (061-666-8730)

갯마을식당 장어탕 | 달래무침

벼랑전망대

모전해변 캠핑

079 금오도

트레커스 아일랜드

매봉전망대에서 바라본 해안 절벽

금오도는 육로와 연결된 돌산도를 빼고는 여수시에서 가장 큰 섬이다. 유인도 11개, 무인도 46개로 이뤄진 금오열도의 중심 섬으로 면적은 27km², 해안선 길이는 64.5km에 달한다. 금오도의 이름 뜻은 황금자라다. 바다에서 바라보면 섬의 형태가 자라를 닮았고 해안이 황금빛을 띠고 있어 붙여진 이름이다. 금오도는 비렁길 걷기로 대변되는 섬이다. 연간 40만 명이 넘는 탐방객이 비렁길을 걷기 위해 찾아온다. 비렁은 벼랑을 일컫는 남해지역의 사투리다. 맑고 푸른 바다를 배경으로 그 벼랑길이 총 5코스에 걸쳐 18.5km가 이어진다. 찾아오는 이가 많으니 그에 따라 섬을 오가는 교통도 편리하다. 여수항, 백야도, 돌산에서 여객선이 수차례 탐방객을 실어 나른다. 그런데도 금오도에는 인위적인 관광인프라가 많지 않다. 흔한 호텔이나 리조트도 하나 없다. 산지가 대부분인 지형적인 여건으로 사빈이 발달하지 못했던 때문이며 다도해상국립공원에 속해있어 개발을 최소화했던 결과다. 금오도에는 순환도로가 없다. 섬의 한편을 비렁길이 차지했다면 그 반대쪽에는 해안도로가 시원하게 뻗어있다. 함구미에서 시작된 도로는 섬의 남쪽 끝 장지마을을 지나고 다리를 건너 안도까지 이어진다.

대부분 탐방객은 당일로 비렁길을 걸은 후 육지로 빠져나가지만, 금오도는 점차 체류형 관광지로 변모하고 있다. 섬 내에는 캠핑장을 비롯 꽤 많은 민박, 펜션이 있다. 하루를 머무는 것만으로도 비렁길 걷기도 한결 여유로워지고 또 이웃 섬 안도를 돌아보며 더욱 풍요로운 여정을 만들어갈 수 있다.

TRAFFIC

여객선

백야도항 → 금오도 직포항, 함구미항

- 하루 함구미 4회, 직포 1회 운항
  함구미 40분, 직포 1시간 5분 소요

※주말에는 함구미항 1회 추가 운항

여수연안여객터미널 → 금오도 송고항, 함구미항

- 하루 3회 운항
  송고 1시간 20분, 함구미 1시간 45분 소요

여수연안여객터미널 → 금오도 여천항

- 하루 2회 운항 | 1시간 소요

돌산 신기항 → 금오도 여천항

- 하루 7회 운항 | 25분 소요

마을버스

남면마을버스 1호차

- 평일 하루 8회, 주말 11회 운행
- 두포-우학-여천-공고-직포-대유-함구미

남면마을버스 2호차

- 평일 하루 10회, 주말 10회 운행
- 우학-여천-직포-대유-장지-심포-안도

마을버스

PHOTO SPOTS

3코스 비렁다리

비렁길 3코스 갠자굴통 협곡에 놓인 출렁다리로 길이는 42m다. 바닥에 2개의 창을 내고 안전한 강화유리로 시공하여 절벽의 아찔함을 경험할 수 있도록 했다. 양쪽의 아치를 하나의 앵글에 담기 위해서는 위쪽의 데크 전망대에 올라가야 한다. 남면의 푸른 바다와 어우러진 최고의 비경을 담을 수 있다.

굴등마을

두포에서 직포로 이어지는 비렁 위에 자리하고 있는 마을이다. 두포에서 굴등마을로 들어오는 1.7km의 시멘트 도로는 농사를 위해 오래전 마을 사람들이 힘을 합쳐 직접 닦았다.

마을은 팽나무와 느릅나무가 만들어낸 울창한 숲의 품 안에 오붓하게 안겨있다. 숲 사이로 놓인 데크길을 따라 내려가면 온통 푸른 하늘과 바다 사이에 오롯이 놓인 전망대가 나타난다. 눈 앞에 펼쳐진 광경 그대로가 촬영 포인트다.

매봉 전망대

비렁길 3코스 절벽 위에 놓인 전망대로 섬의 북쪽에 있는 매봉산 봉우리와는 관련이 없다. 전망대 아래로 펼쳐진 풍광도 좋지만, 오히려 전망대에서 내려와 절벽과 전망대를 한 앵글에 넣으면 훨씬 멋진 장면이 연출된다. 촬영지점은 비렁다리 부근이 좋다.

백야도항

비렁길 탐방을 마치고 백야도로 나가게 될 때, 반드시 차를 세워야 할 포토스폿이 있다.

선착장 윗도로, 메디펜션 건물 앞이다. 이곳에서 바라보면 백야리 마을과 선착장으로 들락이는 여객선, 그리고 바다 너머 돌산까지의 전경이 그림처럼 펼쳐진다.

PLACE TO VISIT

함구미선착장

함구미는 절경의 아홉 골짜기를 품은 마을이라는 뜻이다. 해안지형이 돌출돼있어 마을 사람들은 용두라 부르기도 한다. 백야도와 여수항을 떠난 배가 들어오는 관문이며 비렁길의 시작점이다.

초분

비렁길 1코스를 걷다 보면 중간지점에서 초분을 만날 수 있다. 초분은 섬 지역에서 주로 행해졌던 토속장례법이다. 금오도의 초분은 돌을 쌓고 시신을 올려두는 고임초분의 형태를 띤다.

2000년대 말까지도 초분이 행해졌으며 현재의 초분은 2011년, 실제 있었던 터에 복원된 것이다.

수항도

캠핑장이 있는 대유항 앞바다에는 작은 섬 하나가 떠 있다. 탐방객들이 궁금해하는 이 섬의 이름은 수항도다. 말 그대로 항아리를 닮아서 붙여진 이름이다. 얼마 전까지 할머니 한 분이 거주하고 있어서 할머니섬으로 불리기도 했다. 하지만 지금은 아무도 살지 않는 무인도다.

대유항에서 800m 거리에 있으며 낚싯배를 빌려야 입도할 수 있다.

수항도

ACTIVITY

트레킹

비렁길코스

비렁길 전 코스는 끝점과 시작점이 서로 연결돼 당일로 종주할 수 있다. 섬에서 빠르게, 많이 걷는 것은 큰 의미가 없다. 자연과 주민들의 삶을 살펴보며 2~5회로 나눠 걸을 것을 추천한다.

■ 1코스 (5km | 2시간)
함구미-미역널방-송광사 절터-신선대-두포

■ 2코스(3.5km, 1시간30분)
두포-굴등전망대-촛대바위-직포

■ 3코스 (3.5km, 2시간)
직포-길바람통전망대-매봉전망대-학동

■ 4코스 (3.2km, 1시간30분)
학동-사다리통전망대-온금동-심포

■ 5코스 (3.3km, 1시간30분)
심포-막개-장지

등산 코스

난이도와 소요시간에 따라 총 3개 코스로 구분된다.

■ A코스 (9.9km | 5시간)
함구미선착장-매봉산-문바위-칼이봉-느진목-옥녀봉-검바위

■ B코스 (7.2km | 4시간)
여천항-문바위-매봉산-함구미

■ C코스 (5.7km | 2시간 30분)
여천항-칼이봉-느진목-옥녀봉-검바위

※ A, C 코스 등산로 종점에서 2km 거리에 우학선착장(남면여객선터미널)이 있다.
※ 여천항의 등산로 들머리는 여객선터미널 위, 삼거리 좌측 100m 지점이다.

라이딩
(26km | 3시간)

함구미-심포-장지-안도대교-안도 몽돌해변

캠핑

금오도 내에 3곳의 캠핑장이 있다.

시공간 캠핑장

함구미 | 펜션 및 사설 캠핑장 | 데크사이트(13면) | 45,000~55,000원

금오도여가캠핑장

대유 | 영농법인에서 위탁운영 | 글램핑(2동), 데크사이트(12면), 오토캠핑사이트(2면) | 15,000~50,000원

써니아일랜드

미포 | 펜션 겸 사설 캠핑장 | 오토캠핑사이트(11면, 변동 있음) | 30,000~50,000원

직포마을 | 우학리

3코스 비렁다리

학동해변

FOOD

탐방객 수와 비교하면 식당이 부족하다. 남면사무소 부근에 10곳, 그리고 비렁길이 교차되는 마을마다 각각 1~3곳의 식당이 운영된다. 평일에는 영업하지 않는 곳이 있으니 확인이 필요하다. 금오도 특산물 방풍나물 부침개에 금오도막걸리는 섬의 곳곳에서 즐길 수 있는 보편적 먹거리다.

- 방풍전복칼국수 : 전복칼국수 (생방송오늘저녁 330회)
- 우리식당 : 12첩 회정식 (생방송투데이 2456회)
- 상록수식당 : 회정식 (생생정보통 607회)
- 원식당 : 짜장면 (6시내고향 7248회)
- 금오도비렁길식당 : 볼락구이백반, 매운탕

STAY

금오도 전역에 알려진 숙박시설만 60곳에 달한다. 그중 펜션도 20개나 있어 선택의 폭이 넓다. 비렁길 트레킹이 마무리되는 지점에서 숙소까지 차량 픽업을 지원한다면 여러모로 편리하다.

금오도 여가캠핑장
갠자굴통 | 백야도항

REFERENCE SITE & PHONE NUMBER

주요 기관 & 여행 안내

- 여수남면사무소 (061-659-1187)

교통

- 신아해운 (백야도 061-665-6565)
- 한림해운 (신기항 061-666-8092 | 여수항 061-665-0011)
- 금오도 택시 (061-666-2651, 010-8614-2651)
- 마을버스 (010-6314-9544)
- 수요응답형마을버스 (7명 이상 | 061-692-8278)

음식

- 방풍전복칼국수 (010-4222-0564)
- 우리식당 (061-665-5045)
- 상록수식당 (061-665-9506)
- 원식당 (061-665-7789)
- 본동식당 (백반 061-665-9513)
- 금오도비렁길식당 (kumoisland.wixsite.com/main | 010-3080-9405)
- 비렁길자연밥상 (백반 061-666-2662)
- 여남식당 (백반 010-6633-5377)

숙박

- 금오도여가캠핑장 (campgold.modoo.at | 010-7190-1944)
- 장지마을펜션 (010-8330-8799)
- 솔레이유펜션 (www.솔레이유.kr | 010-3577-1393)
- 시공간 (camp-sigonggan.com | 010-4450-2066)
- 금오아일랜드펜션 (금오아일랜드펜션.com | 010-5809-6236)
- 여수 금오도 기쁨조이 펜션 (happiness-joy.kr | 010-3636-4272)
- 다도해힐링펜션 (dadohaehealing.modoo.at | 010-2244-5606)
- 금오도바다애펜션 (blog.naver.com/lascr95 | 010-6601-2696)
- 바람에 언덕 (www.바람에언덕.com | 010-2247-0146
- 돌베게펜션 (blog.naver.com/stonepilow | 010-4478-0191)
- 써니아일랜드 (010-2942-1640)
- 비렁길굴등펜션(061-662-8977)
- 포시즌펜션 (010-3716-3888)

안도대교

080 안도

명품을 꿈꾸는 체류형 여행지

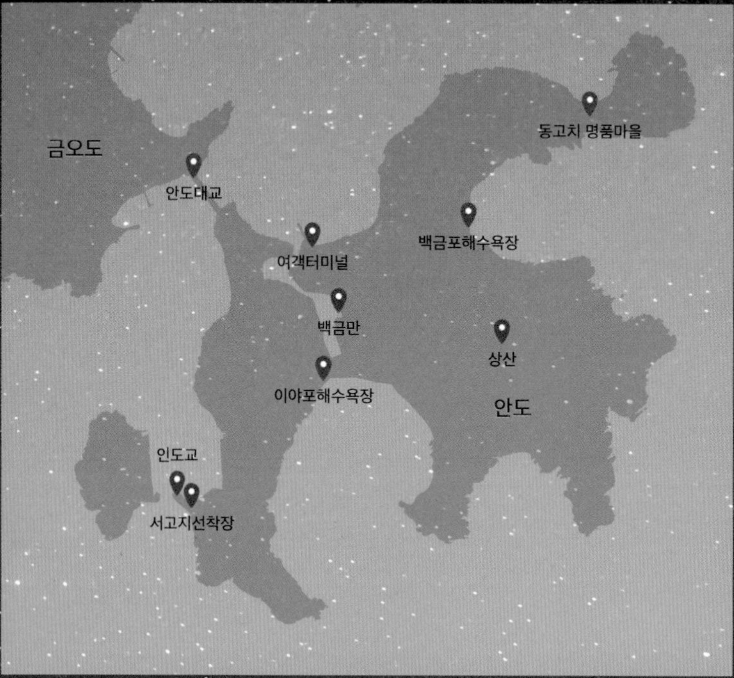

안도는 금오도 남쪽에 딸린 면적 4km의 섬이다. 윗섬 금오도와는 2010년 안도대교가 놓이며 차량으로 오갈 수 있게 되었다. 본디 안도는 서도와 동도가 사주의 발달로 인해 하나의 섬으로 연결된 것이다. 지도를 보면 이야포몽돌해수욕장 부근 폭 100m 정도의 연결축이 두 개의 섬을 잇고 있음을 알 수 있다.

안도는 높이 207m의 상산을 중심으로 해안까지 완만한 경사지를 이루고 있다. 안도의 지형을 보면 북동쪽과 남서쪽으로 길게 돌출된 형태를 보인다. 이를 곶의 의미인 고지란 어미를 붙여 동고지, 서고지로 부르며 현재는 그곳에 있는 마을이나 항구의 지명을 뜻하는 명칭으로도 쓴다.

안도의 주민 대부분은 선착장 주변으로 마을을 이루고 살아간다. 방파제 낚시터로 유명한데다 사주로 이어진 천연 피항장 덕분에 안도마을은 늘 활기가 넘친다. 동고지마을은 뛰어난 자연환경을 가지고 있음에도 사람들에게 잘 알려지지 않은 마을이었다. 그러던 2014년, 11번째 '국립공원 명품마을'로 선정된 후 관심을 받기 시작했으며 현재는 안도의 내로라하는 명소가 되었다. 예로부터 황금어장으로 불리던 서고지는 낚시 관광형 다기능어항이 조성돼 강태공들의 사랑을 받고 있다.

과거 금오도 여행이나 비렁길을 걷기 위한 베이스캠프 정도로 여겨졌던 안도는 몇 년 사이 자체적으로 여행자의 일정을 소화할 수 있을 만큼 관광인프라가 크게 발전했다. 안도몽돌숲과 폐교를 이용해 조성한 안도 기러기 캠핑장이 좋은 예다. 이는 없던 스폿을 새롭게 개발한 것이 아닌 안도가 가진 고유의 자연 환경을 발굴하고 정비하여 내어놓은 것이다. 체류형 여행지 안도는 여행자라면 누구나 애정을 가지고 지켜봐도 좋을 섬이다.

백금포해변

TRAFFIC

여객선

여수연안여객선터미널 → 안도항

- 하루 2회 운항 | 1시간 40분 소요

※ 06:20, 14:00 출항

돌산 신기항 → 금오도 여천항

- 하루 9회 운항 | 25분 소요
- 여천항에서는 남면마을버스 2호차 이용. 하루 10회 운행 (우학, 여천, 직포, 대유, 장지, 심포, 안도 경유)

PHOTO SPOTS

안도항 용배교

백금만 초입에 있는 인도교로 동도에서 서도로의 원활한 통행을 위해 설치되었다. 포구 안쪽에서 바라보면 빨간 다리를 사이에 두고 바다와 호수가 나뉘는 듯한 느낌이 들며 선착장으로 배가 들어올 때면 더욱 근사한 장면이 연출된다.

서고지 고깃배

조용하던 서고지항은 오후 6시가 되면 엔진 굉음으로 요란해진다. 고깃배들이 출항 준비를 마쳤다는 신호다. 곧이어 고깃배들이 움직이기 시작한다. 파도를 부수며 꼬리를 물고 바다로 나가는 모습은 씩씩하고 또 장엄하기까지 하다. 촬영지점으로는 인도교 위가 좋다.

PLACE TO VISIT

동고지마을

12가구 18명의 주민이 사는 동고지마을은 2013년 TV 프로그램 〈아빠! 어디가?〉에 소개되면서 주목을 받기 시작했다. 이후 2014년 생태문화적 가치를 인정받아 환경부 명품마을로 선정되었다. 현재 마을펜션과 주민 민박, 식당 등의 시설을 갖추고 다양한 체험 및 탐방프로그램을 운영 중이다.

백금만

안도선착장에서 마을 안쪽으로 깊게 만입된 포구다. 백금만은 이야포해변 부근까지 약 800m 이어지는데 그 폭은 가장 긴 곳이 150m에 불과하다. 동도와 서도가 만나는 지점에 자연스레 형성된 백금만은 천혜의 피항장이면서 이국적 명소다.

이야포해변

남쪽을 향해 둥글게 만입된 길이 800m의 몽돌해변이다. 마을과 가까워 볕 좋은 날에는 주민들이 어구를 손질하거나 해조류를 건조하는 장소로 이용된다. 뒤쪽으로는 방풍림이 조성돼있고 밀물 때에도 해변이 모두 바닷물에 잠기지 않기 때문에 산책하거나 캠핑을 즐기기에도 좋다.

안도 해변(백금포해변)

모래가 하얗고 맑다 해서 '백금포해변'이라고도 불린다. 길이 300m, 폭 30m의 조용하고 아담한 해변으로 샤워장과 화장실 등의 편의시설이 갖춰져 있다. 현재는 모래가 유실되어 갯돌이 많이 드러나 있는 상태지만 여전히 아름다운 풍광을 뽐낸다.

ACTIVITY

트레킹

안도 상산둘레길 (3.6km | 1시간 30분)
안도마을-동고지삼거리-대나무숲길-대숲 쉼터-후박나무 쉼터-상산동전망대-기러기 쉼터-안도오름 쉼터(전망대)-낭고지 쉼터-이야포해변

안도 종주트레킹 (11.5km | 4시간)
안도선착장-서고지복지회관-서고지길-이야포해변-상산동전망대-동고지마을(왕복)-선착장

캠핑

여남중학교 안도분교터에 조성된 안도기러기캠핑장은 펜션 3동과 10개의 데크사이트로 구성돼있다. 깨끗한 편의시설에 어린이놀이터까지 갖추고 있어 가족 단위의 캠핑에 적합하다. 그리고 백금포해변에는 안도해변캠핑장이 계절에 따라 비상시적으로 운영 중이다.

서고지와 대부도

FOOD

안도 식당의 음식들은 맛있기로 유명하다. 16가지의 반찬이 나오는 제일민박식당의 백반과 백송민박식당의 해물정식은 여행자들의 입맛을 만족시킨다. 동고지 명품마을 어가식당의 한상차림, 회정식도 평가가 좋다. 안도에서는 아귀요리를 먹어봐야 한다. 식당 세 곳이 아귀로 방송을 탔다.

- 백송민박식당 : 아귀 (6시내고향 6201회)
- 제일민박식당 : 아귀 (6시내고향 5466회)
- 황금민박식당 : 아귀찜, 아귀매운탕 (생방송오늘저녁 522회)
- 어가식당 : 해물, 생선요리 (해피투데이 21회)

STAY

안도어촌체험마을의 체험펜션, 동고지마을의 어가민박을 포함하여 20여 곳의 민박이 운영 중이다. 안도어촌체험마을 홈페이지, 동고지명품마을 홈페이지를 통해 각각의 정보를 확인하고 예약할 수 있다.

서고지 고깃배

REFERENCE SITE & PHONE NUMBER

주요 기관 & 여행 안내

- 안도어촌계 (061-665-9340)
- 남면사무소 안도중계소 (061-659-1731)
- 안도어촌체험마을 (www.안도어촌체험마을.kr | 010-3794-1526)
- 동고지명품마을 (www.donggoji.co.kr | 010-5615-5524)

음식점

- 제일민박식당 (061-652-5640)
- 백송민박식당 (061-665-9391)
- 황금민박식당 (010-4641-9489)
- 어가식당 (010-8010-1261)

안도어촌체험마을

동고지마을 | 동고지마을 민가
용배교

081 연도

자연 + 사람 + 섬여행 =

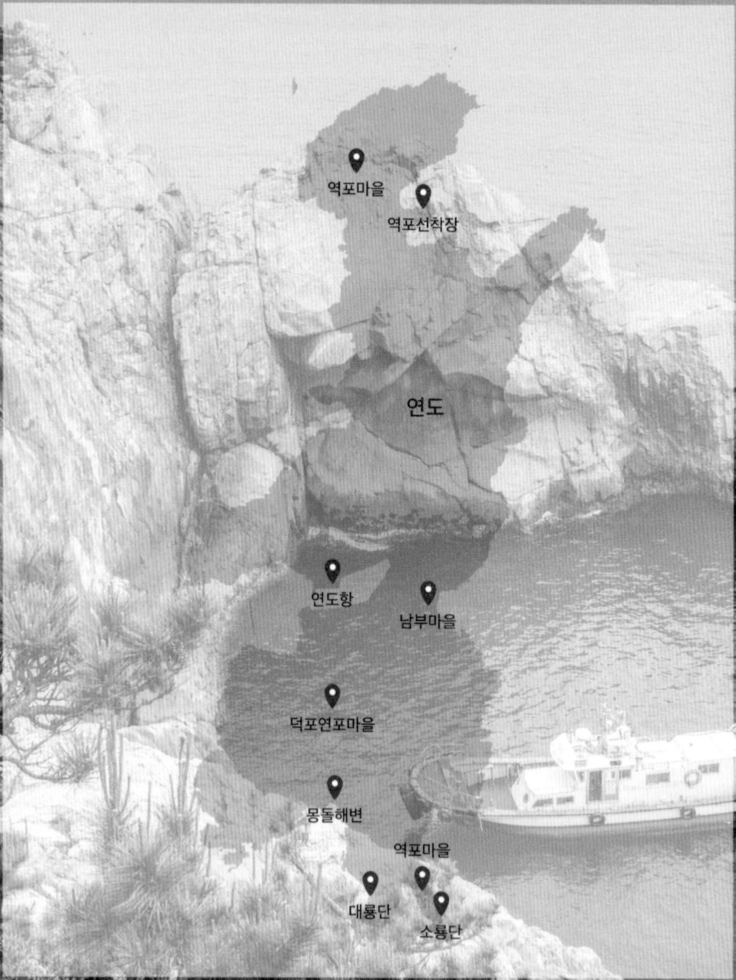

소룡단

연도는 여수시 남면에서 가장 아래에 있는 섬이다. 주민들은 연도 대신에 소리도라 부른다. 소리도는 섬의 모습이 솔개를 닮아 붙여진 이름이다. 역포는 연도의 동쪽 포구로 섬의 관문의 역할을 한다. 주민 수가 가장 많은 연도마을 앞에도 포구와 선착장이 있지만, 수심이 낮아 여객선이 들어오지 않는다. 역포에서 연도마을까지는 약 3km의 거리가 있다. 그 때문에 여객선이 출항하고 도착하는 시간에는 어김없이 마을버스가 나타난다.

연도마을은 리 사무소, 보건지소, 초등학교, 우체국 등 대부분 편의시설이 들어서 있는 연도의 행정 중심지이다. 연도초등학교는 1940년 문을 열었으며 최근까지 초등, 중등 통합학교로 운영해오다가 초등학교만이 남게 되었고 여남초등학교 연도분교란 이름으로 명맥을 이어가고 있다.

연도마을에서 남쪽으로 고개 하나를 넘으면 덕포마을이 자리하고 있다. 15가구, 25명의 주민(2016년 기준)이 살고 있는 덕포마을은 2017년 국립공원지정 17번째 명품마을로 선정되었다. 넉넉한 인심 그리고 예스러움과 고즈넉함이 안도의 동고지마을을 연상케한다.

연도해안은 대부분 암석 지형으로 이뤄져 있다. 덕포마을 앞에는 섬의 유일한 몽돌해수욕장이 있다. 바다색이 유난히 파랗고 해변을 둘러싼 주변 풍광이 매우 아름답다. 소리도등대로 시작되는 해안절벽은 트레커들이 가장 아끼면서 오래 머무르는 구간이다.

연도의 자연은 맑고 청량하며 주민들의 마음은 여전히 따뜻하다. 자연과 사람이 어우러지는 따뜻한 여행을 하고 싶다면 연도는 서둘러 찾아봐야 할 섬이다.

남부마을 해안

TRAFFIC

여객선

여수연안여객선터미널 → 연도 역포항

■ 하루 2회 운항 | 1시간 50분 소요

※ 06:20, 14:00 출발

PLACE TO VISIT

소리도등대

소리도등대는 초록의 잔디밭 그리고 정갈한 전망대와 조각상, 담 넘어 펼쳐진 푸른 바다가 조화를 이뤄 이국적인 아름다움을 자랑한다. 1910년 전국에서 21번째로 등탑에 불을 밝힌 후, 여수항과 광양항을 드나들거나 서해안에서 부산 방향을 오가는 선박들의 길잡이 역할을 해오고 있다. 최근에는 그러한 역사적 가치를 인정받아 해양수산부와 국립등대박물관이 주관하는 '등대스탬프투어 시즌2' '역사가 있는 등대' 15곳 중 하나로 선정되었다.

덕포마을

덕포마을은 최연소자가 60대일 정도로 고령화된데다 생산인구가 거의 없는 낙후된 마을이었다. 하지만 2017년 명품마을로 지정된 후 마을은 생기를 얻었다. 태양광 발전 시설이 설치되고 방문자센터, 마르지 않는 우물 쉼터, 습지관찰로, 마을펜션 등의 관광인프라가 늘어나면서 여행자들이 찾아들고 머물러가기 시작했다. 현재도 명품마을 조성사업은 진행 중이다.

연도마을

PHOTO SPOTS

쌍굴과 코끼리바위

소리도등대를 받치고 있는 절벽이 바다와 맞닿은 곳에는 쌍굴이라 불리는 두 개의 동굴이 있다. 쌍굴은 침식작용으로 만들어진 해식동굴이다. 굴 가운데는 긴 코를 바닷물에 담그고 있는 형상의 코끼리 바위가 있다. 절묘한 조화를 이루는 쌍굴과 코끼리바위를 제대로 촬영하기 위한 장소로는 소룡단 능선 길의 전망대가 제격이다. 또 이곳에서는 절벽 위에 아찔하게 서 있는 등대의 모습도 담을 수 있다.

소룡단

등대를 머리에 얹고 있는 대룡단이 용의 머리라면 소룡단은 꼬리의 형상을 빼닮았다. 바다와 해안의 굴곡도 좋지만, 바다를 향해 거침없이 뻗어난 소룡단 곶부리반도의 기백을 담으려면 등대에서 촬영하는 것이 가장 이상적이다.

소리도등대

ACTIVITY

트레킹

연도 종주코스 (16.3 km | 7시간)
역포-연도마을-덕포마을-소리도등대-대룡단-소룡단-가랑포-남부마을-연도마을-연도 바깥 방파제-신날끝/기름여-연도마을

연도 남부길탐방로 (3.8km | 1시간 30분)
덕포마을-생태습지-소리도등대-안뜰재-남부마을

캠핑

최근 쌍굴 전망대가 백패킹의 핫스폿으로 알려져 있다. 하지만 연도는 다도해국립공원에 속해 있으며 특히 전망대에서의 캠핑은 금지사항이다. 연도에는 취사와 야영을 할 수 있는 적절한 장소가 없다.

대룡단 | 소룡단

FOOD

연도에는 독립된 식당이 없다. 단 거의 모든 민박집에서 식사를 제공하는데 평가가 매우 좋다. 큼지막한 생선은 물론 군소, 거북손, 미역, 고등 등의 해산물이 놓인 연도의 섬 밥상은 풍성하고 맛있다.

STAY

10곳 정도의 민박이 있다. 특히 해녀민텔은 해녀가 잡아 올린 자연산 해산물을 밥상에 올리는 등 인심이 후하고 숙소가 청결해 여행자들이 우선순위로 꼽는 연도의 대표 민박이다.

REFERENCE SITE & PHONE NUMBER

주요 기관 & 여행 안내

- 덕포명품마을 (061-666-2005)
- 하나로마트 여수농협연도점 (061-666-9605)

교통

- 연도마을버스 (010-7665-8600)

음식 및 숙박

- 해녀민텔민박 (061-665-3961)
- 연도펜션민박 (061-666-9634)
- 소리도민박 (010-3623-1643)
- 섬민박 (061-666-9606)
- 퉁발이펜션민박 (061-665-2298)
- 소문난펜션민박 (010-5062-9704)
- 행운민박 (010-3589-6024)
- 역포민박 (061-666-9723)
- 제일민박 (061-666-9773)
- 태공민박 (061-666-9673)

역포마을

쌍굴과 코끼리바위

경남

사량도
추도
우도
연화도
욕지도
학림도
만지도, 연대도
한산도
비진도
매물도
소매물도
지심도

082 사량도

육지에도 섬에도 갓 지리산

옥녀봉 출렁다리

사량도는 통영시에 속한 섬이다. 하지만 지도에서 보면 남해군 창선면과 고성군 하일면 그리고 통영시 산양읍이 둘러싼 한려수도의 한복판에 자리하고 있다. 그 때문에 통영항, 미수항, 가오치항, 삼천포항, 고성 용암포항 등 여러 곳에서 정기 여객선이 다닌다. 사량도는 상도, 하도, 수우도로 구성되어있다. 상도와 하도 사이의 좁은 해협을 사량이라 불렀는데, 사량도란 이름은 그것에서 연유했다.
사량도는 우리나라 등산객들이 가장 좋아하는 섬으로 주말에는 5,000명 이상의 탐방객이 찾아온다. 상도의 지리산, 월암봉, 불모산, 가마봉, 옥녀봉, 고동산 그리고 하도의 칠현산, 대곡산, 망봉 등 수려한 산세를 자랑하는 봉우리와 기암절벽이 즐비하다. 사량도 산행에는 종주의 성취감에 더해 육지와는 또 다른 즐거움이 있다. 걷는 내내 드넓은 하늘과 바다가 시야를 떠나지 않으며, 스스로가 그 멋진 풍광의 주인공이 된다는 점이다.
사량도는 상, 하도를 합쳐 면적이 26km²에 이른다. 2024년 현재 다리가 놓이지 않은 섬 중 9번째 크기다. 등산 외에 여행이나 또 다른 액티비티로 즐겨도 좋다.. 상도와 하도를 잇는 8자 순환도로는 길이가 34km나 된다. 라이딩 코스로도 적당하다. 또한, 사량도는 바다낚시로도 유명한 섬이다. 섬 곳곳에는 갯바위 낚시 포인트가 있어 뽈락(볼락), 도미, 감성돔 등을 찾는 낚시꾼들의 1년 내내 이어진다. 돈지마을은 스쿠버다이버들에게 마을 어장 일부를 개방, 방문객들이 먹을 만큼의 해산물 채집을 허용하고 있다. 능양마을의 갯벌체험, 내지마을 포장마차촌도 여행의 즐거움을 더해준다.

지리산 줄기

TRAFFIC

여객선

통영 가오치항 → 사량도 금평항(덕동항)

- 하루 6회 운항 | 40분 소요

삼천포항 → 사량도 내지항

- 하루 3회 운항 | 50분 소요

고성용암포 → 사량도 내지항

- 하루 9회 운항 | 20분 소요

※주말, 휴가철 증편운항, 운임할증

사량도 순환버스

(사량면 도서공영버스)

상도

- 하루 7회 운행 | 진촌 → 돈지 → 내지 → 대항 → 진촌

하도

- 하루 6회 운행 | 덕동 → 외지 → 백학 → 통포

※ 여객선 도착 10분 후 출발

※ 주말 1시간 간격 (진촌-내지간 직행 3회 증편)

사량대교

PLACE TO VISIT

사량대교

사량도 상, 하도에는 14개 마을에 1,600여 명의 주민이 산다. 이들이 섬 어느 곳이든 자유롭게 왕래를 할 수 있게 된 것은 2015년 사량대교가 개통되면서부터다. 총연장 530m 폭 13m의 사량대교는 2024년 현재까지 경남 도내 연도교 중 최대규모다.

대항해수욕장

사량도의 유일한 해수욕장이다. 모래가 곱고 물이 맑은 것이 특징이지만, 밀물 때 백사장이 거의 잠기며 바다와 편의시설이 도로를 사이에 두고 있다는 단점이 있다. 대항마을에서는 출렁다리까지 2시간이면 왕복 산행을 할수 있다.

수우도

사량도에서 서쪽으로 2.5km 떨어진 섬이다. 동백나무가 많아 꽃이 만개하는 초봄에는 제법 적잖은 탐방객이 찾기도 하지만 최근까지는 사량도의 명성에 가려진 섬이었다. 하지만 최근 SNS를 통해 해골 바위가 텐풍(좋은 배경과 어우러진 텐트 풍경)이 아름다운 백패킹 장소로 알려지면서 인기몰이를 하고 있다.

PHOTO SPOTS

지리산 산줄기

사량도 지리산은 산청 지리산이 바라다보인다는 뜻으로 지이망산이라고도 불린다. 이곳에서 시작되는 산줄기는 상도의 동쪽에서 서쪽 끝 고동산까지 이어진다. 하도의 덕동마을 해변에서 바라보면 호수와 같이 맑고 푸른 동강 위로 마치 산맥이 솟은 것 같은 모습을 보여주는데, 날카로운 능선 위의 출렁다리까지 선명하게 조망된다.

사량도 출렁다리

사량도 출렁다리는 2013년 연지봉과 향봉 사이에 만들어진 현수교로 각 39m, 22m의 두 개의 다리가 연속으로 놓여있다. 출렁다리 위에서의 인증샷도 기념이 될 만하며 또 가마봉에서는 푸른 바다 위 평화로운 사량대교와 바위봉우리 위에 아슬하게 매달린 출렁다리의 역동적인 모습을 하나의 앵글에 넣을 수 있다.

진촌항

ACTIVITY

등산

지리산(옥녀봉) 등산 코스

■ 제1코스 (8km | 4시간)
진촌-옥녀봉-가마봉-연지봉-월암봉-성자암-지리산-돈지

■ 제2코스 (8km | 4시간)
돈지-지리산-성자암-월암봉-가마봉-연지봉-옥녀봉-진촌

■ 제3코스 (5km | 2시간 30분)
진촌-옥녀봉-가마봉-월암봉-성자암-옥동

■ 제4코스 (5km | 2시간)
진촌-옥녀봉-가마봉-대항

칠현산 등산 코스

■ 제1코스 (6km | 3시간)
덕동-봉화대-칠현봉-읍포

■ 제2코스 (10km | 5시간)
읍포-칠현봉-대곡산-동포

캠핑

사량도는 한려수도 내에 있지만, 한려해상국립공원에 속하지는 않는다. 하지만 산중 전망대에서의 취사와 야영은 산림법에 저촉된다. 사량도에서의 산행 베이스캠프로는 대항해수욕장 캠핑장을 이용하는 것이 좋다. 마을에서 직접 관리하며 화장실 등의 편의시설이 갖춰져 있다. 캠핑비는 텐트당 1박 1만 원으로 마을관리인이 직접 받으러 온다.

라이딩
(37km | 2시간 40분)

금평항(진촌)-옥동-사금-돈지-내지-답포-대항-진촌-사량대교-덕동-읍포-외지-능양-백학-통포-백학-먹방-진촌

FOOD

금평항(진촌) 부근에 30개가 넘는 식당이 밀집해 있으며 2021년 하반기에 내지마을에 포장마차촌이 새 모습으로 선뵐 예정이다. 문수반점의 짜장면, '계절음식점'의 물회, 해군본부의 회국수, 명동식당의 갈치조림이 별미로 꼽힌다.

- 계절음식점 : 혹돔회/고등어회 (생방송투데이 2471회), 해산물 (생방송투데이 2300회) 문어 (VJ특공대 822회)
- 우리식당 : 우럭쑥국 (진촌, 생방송투데이 2300회)
- 해군본부 : 돌장어 (대항, 2TV생생정보 352회)

STAY

상, 하도를 통틀어 50곳이 넘는 숙박시설이 있다. 대부분 펜션이며 네이버페이로 직접 예약할 수 있는 숙박시설도 여러 곳 있다. 일반적으로 2인 기준 8만 원을 전후해 가격이 형성돼있다.

옥녀봉

대항해수욕장 | 동강

REFERENCE SITE & PHONE NUMBER

주요 기관
- 사량도 홈페이지 (www.saryangdo.com)

교통
- 사량도여객선(미수항 | www.saryangdoferry.com | 055-648-0777)
- 그랜드페리호 (가오치항 | ferry.saryangdo.com | 1600-7788)
- 삼천포해운 (삼천포항 | 055-832-5033)
- 고성용암포 풍양카페리 (055-673-0529)
- 사량도순환버스 (상도, 임재식 010-3000-0756)
- 사량도순환버스 (하도, 차강욱 010-5165-3328)
- 사량도순환버스 (상하도, 황판도 010-8711-9940))

음식
- 금평반점 (055-642-6024)
- 계절음식점 (055-641-8091)
- 우리식당 (055-642-6103)
- 해군본부 (010-8653-8824)
- 명동식당 (055-642-6048)

숙박 및 캠핑
- 돈지마을해양리조트 (www.donji.net | 055-641-1278)
- 능양마을자율공동체 (010-2900-7070)
- 대항마을 캠핑장 (이장 010-3045-2816)
- 언덕위의집 (hillshouse.kr | 010-9578-0209)
- 해맞이펜션 (www.instagram.com/haemaji | 010-6543-3366)
- 파라다이스펜션 (사량도파라다이스펜션.kr | 010-9022-1454)
- 물놀이펜션리조트 (물돌이.kr | 0507-1347-2400)
- 사량도 펜션 (saryangdo.kr | 010-2478-0947)
- 사량도너울펜션 (cafe.naver.com/loveneoul | 0507-1320-3626)
- 사량도돈키호테펜션 (돈키호테펜션.com | 0507-1314-6002)
- 대박펜션민박 (blog.naver.com/meemee107 | 0507-1479-0530)
- 크레파스펜션 (크레파스.net | 010-8890-2694)
- 단디해펜션 (dandi6000.com | 010-2523-6009)
- 로시난테펜션 (www.rosinante6000.co.kr | 010-9564-6000)
- 사랑하나펜션 (saryanghana.imweb.me/ | 0507-1337-7690)

내지마을

083 추도

물메기도 좋지만 섬은 더 좋아

추도는 통영에서 남서쪽으로 14.5km 거리에 있는 작은 섬이다. 위치상으로는 미륵도, 사량도, 두미도, 상노대도, 욕지도, 우도, 연대도 등에 크게 둘러싸였다. 하지만 각각의 섬들과 거리가 멀어 홀로 떠 있는 것과 진배없는 조금은 외로운 섬이다. 크기가 작고 관광인프라가 많지 않은 추도가 사람들에게 관심을 받기 시작한 것은 물메기 주산지로 알려지면서부터다. 겨울이면 덕장에 걸려 건조되는 물메기를 찍으러 많은 매스미디어와 사진작가들이 섬을 찾았고 그 결과물이 여행객의 호기심을 자극했다.

하지만 몇 년째 물메기의 생산량은 급감하는 추세다. 여름철 고온 현상으로 수온이 올라 한류성 어종인 물메기가 산란을 제대로 하지 못했기 때문이다.

여행은 지혜다. 물메기에 쏠렸던 시선을 조금만 돌리면 섬이 보인다. 추도의 해안은 매우 아름답다. 거친 파도는 절경의 해식애를 섬 곳곳에 남겼다.

추도에는 2개의 마을이 있다. 큰 산을 중심으로 양 끝에 자리하고 있는 대항마을과 미조마을이 그것이다. 섬을 한 바퀴 도는 데 불과 2~3시간이면 족하지만 길은 오붓하고 큰 섬의 둘레길을 편집해 놓은 것처럼 아기자기하다. 또 바다가 맑고 투명해서 포구에 서면 밑바닥까지 훤하게 들여다보일 정도다. 뜰채로 해삼을 건져내는 모습도 종종 볼 수 있다.

추도는 2022년 경상남도의 '살고 싶은 섬' 가꾸기 공모사업에 선정됐다. 풍경이 아름답고 인심이 좋으며 최근에는 이주민들이 늘어나 섬이 다시 활기를 띠고 있기 때문이다.

샛갯끝

TRAFFIC

여객선

통영여객선터미널 → 추도 미조항, 대항항

- 하루 2회, 06:51, 14:30 출항 | 50분~1시간 14분 소요

※ 1항차 미조항, 2항차 대항항 먼저 기항

PHOTO SPOTS

용두도 낙조

미조마을 앞바다에 떠 있는 작은 섬 용두도를 주민들은 용머리라 부른다. 용두도는 태풍으로부터 마을을 지켜주는 천연 방파제 역할을 한다. 미조마을 여객선 선착장은 낙조를 촬영하기에 가장 적절한 장소다. 용두도 실루엣과 그것을 둘러싼 붉은 색의 조화에는 극적인 아름다움이 있다. 섬에 머물러야 볼 수 있는 멋진 광경이다.

PLACE TO VISIT

천연기념물 후박나무

미조마을에 있는 키 10m, 둘레 4m의 거목으로 천연기념물 345호로 지정돼있다. 바닷가 언덕에서 수평으로 자라다 한 가지가 위로 올라와 자라난 형태라 높이가 비교적 낮다. 500년의 수령을 자랑하며 우도의 후박나무와 더불어 통영에서는 가장 크고 오래된 것으로 평가받고 있다. 마을 사람들은 이 나무가 마을을 지켜준다고 믿어 사대부나무라 부르며 신성시한다.

샛갯끝

대항마을 끝에서 일주도로를 따라 미조마을 방향으로 걷다 보면 바다를 향해 길게 돌출한 지형이 나타난다. 샛개라 부르는 곳으로 그 끝점까지는 무려 640m나 뻗어있다. 샛개는 용두도와 마찬가지로 거센 파도와 바람을 막아주는 대항마을의 방패막이가 돼왔다. 샛개 끝으로 다가갈수록 새로운 풍경이 펼쳐지고 사라지는데 배를 타지 않고 추도의 해안 절경을 감상할 수 있는 명소 중의 명소다.

천연기념물 후박나무

ACTIVITY

트레킹

일주도로를 따라 두 개의 마을을 지나는 것만으로도 섬에 대한 애정이 깊어진다. 되도록 서둘지 말고 찬찬히 살펴보며 걷기를 권한다.

일주도로 트레킹 (5.9km | 3시간)

대항마을선착장-마을목욕탕-발전소-샛개끝 왕복-미조선착장-후박나무-어둠골-대항선착장

추도 등산로

- 1코스 (4.2km)

대항마을-작은산 정상-수리바위-산제바위숲-등넘(몽돌해변)-발전소-교회-샘터(섬바위)-이정표-큰산 정상-동백숲(1)-미조선착장

- 2코스 (4.8km)

미조선착장-동백숲(1)-이정표-큰산 정상-샘터(섬바위)-동백숲(2)-데크계단-샛갯끝-데크계단-발전소-대항선착장

- 3코스(2.3km)

대항선착장-추도교회-샘터(섬바위)-이정표-큰산 정상-동백숲-미조선착장

캠핑

동넘해변에 텐트를 칠 수 있는 공간이 있으나 바람이 세고 바닥이 거칠어 주의를 기울여야 한다.

FOOD

물메기

물메기는 생물보다 건조해서 먹어야 더욱 맛있다. 겨울철 진미로 통하는 건메기(건조한 물메기)는 1축(12마리)에 20만원을 호가한다. 하지만 어획량이 줄어들면서 통영수협의 건메기 위판도 중단하기에 이르렀다. 겨울이 되면 추도 내에서는 고깃배가 잡아 온 물메기를 소량 건조하는 모습을 볼 수 있다. 예년과 비교하면 가격은 비싸지만, 민박 등을 통해 구입해 먹을 수 있다.

대항마을 슈퍼

대항마을과 미조마을에 민박을 겸한 슈퍼가 한곳씩 있다. 전문식당이 없는 추도에서 간이식당의 역할까지 해왔다. 특히 대항마을의 슈퍼는 물메기가 많이 나던 시절부터 음식이 맛있기로 유명했다. 추도에서 물메기탕을 먹고 감탄했다면 모두 슈퍼를 운영하는 김송자 씨의 손맛을 본 것이다. 대항마을 슈퍼에는 특별한 맛이 하나 더 있다. 통영의 별미, 볼락 김치다. 김송자 씨의 김칫독에는 자리돔 깍두기도 담겨있다. 추도에 가면 대항마을 슈퍼에서 밥 한 끼는 꼭 먹어봐야 한다.

STAY

10여 곳의 민박이 있고 대부분은 대항마을에 집중돼있다. 시설은 평이하지만, 숙박비가 저렴하고 인심이 좋아 재방문율이 높다.

대항마을 슈퍼 밥상 | 대항마을 슈퍼 김송자씨

물메기

REFERENCE SITE & PHONE NUMBER

주요 기관 & 여행 안내

- 대항마을회관 (055-641-0591)
- 대항마을 이장 (010-4454-8334)

교통

- 한솔해운(낙도 055-645-3717)

음식 및 숙박

- 추도대항마을슈퍼민박 (김송자 010-7171-2794)
- 윤성호추도물메기 (www.chudoisland.co.kr | 055-642-2637)
- 등너머민박 (153glory.modoo.at | 010-9583-8259)
- 명진민박 (010-6383-9768)
- 함목민박 (010-9667-3770)
- 추도민박 (010-3863-1610)
- 조우민박 (encounter.modoo.at | 010-3672-5828)
- 에덴민박 (010-4850-1892)
- 김희수민박 (055-642-2794)

해안절벽

084 우도

사랑하는 사람에게만

통영 우도는 연화도와 인접해있으며 면적 0.6km²에 20여 가구 30명에 가까운 주민이 사는 작은 섬이다. 선착장 위쪽 작은 마을(아랫막개)에 몇 가구가 살고 있지만 본 마을(울막개)은 고개 하나를 넘어야 한다. 선착장에서 마을까지 차량이 다닐 수 있는 콘크리트 도로가 놓인 것은 불과 몇 년 전이다. 주민들은 그전까지 마을 앞 작은 선착장에 배를 대고 육지에서 건너온 생필품과 건축자재 등을 날랐다. 마을을 지나고 다시 낮은 고개에 오르면 해변으로 내려가는 좁은 숲길이 이어진다. 빼곡히 들어선 상록수의 가지와 잎이 하늘을 덮어, 연중 해들 날이 없을 것 같은 이 길을 '숲속의 터널'이라 부른다. 중턱에 설치된 평상에 잠시 앉아 쉬노라면 목덜미까지 차올랐던 땀도 금세 식고 냉한 기운이 온몸을 감싼다.
뭐니 뭐니 해도, 우도 최고의 명소는 몽돌해변이다. 통영의 하늘색을 빼닮은 진파랑의 맑은 바다, 그 바다를 다정하게 감싸 안은 몽돌밭, 몽돌이 다칠세라 해안과 나란히 데크도 놓였다. 몽돌해변 앞바다에는 두 개의 바위섬이 솟아있다. 구멍섬과 목섬이다. 목섬은 밀물에는 별도의 섬이 되고 물이 빠지면 해변과 연결되어 쉽게 건너갈 수 있다.
우도는 섬에서의 여행이나 캠핑을 처음 시작하는 커플에게 권하고 싶은 섬이다. 계획과 준비가 부족해도 괜찮다. 싱그런 바다, 낭만적인 캠핑, 고즈넉한 숙소, 특별한 먹거리, 서둘러 걷지 않아도 좋은 둘만의 산책길이 있기 때문이다.

구멍섬

TRAFFIC

여객선

통영여객선터미널 → 우도

■ 하루 3회 운항 | 1시간 10분 소요

※ 휴가철, 주말 2회 증편, 동계 감회 운항

PLACE TO VISIT

후박, 생달나무군락

마을 뒤편으로 12그루의 후박나무와 32그루의 생달나무가 작은 군락(천연기념물 244호)을 이루고 있다. 수령 4~500년의 나무들은 서낭림을 이루는데 주민들은 매년 초 이곳에서 마을의 안녕과 풍어를 기원하는 당산제를 지낸다.

동백터널

'연화도-우도 해상보도교'와 선착장 사이의 짧은 데크길에는 우람한 동백나무들이 가지를 늘어뜨려 만들어낸 숲 터널이 있다. 날 좋은 오후에는 터널로 스며드는 햇살의 조화가 매우 신비하게 느껴진다.

PHOTO SPOTS

연화도-우도 보도교

우도와 이웃 섬 연화도 사이에는 반하도라는 무인도가 있다. 2018년 우도와 반하도, 반하도와 연화도 사이에 2개의 출렁다리가 건설되었다. 전체 교량의 길이는 309m, 폭은 3m다. 79m의 트러스트교가 우도와 반하도 사이를, 반하도와 연화도를 230m의 현수교가 잇고 있다. 여객선이 연화도에 기항 후 우도로 향하는 동안에 세 섬을 연결한 국내 최장 보도교의 모습을 가장 또렷하게 감상할 수 있다.

구멍섬 낙조

몸통 가운데 직경 4m의 구멍이 뚫려있는 '구멍섬'은 소가 누워있는 모습을 닮아 소섬이라고도 부른다. 이곳은 우도의 대표적인 출사 포인트로 많은 사진작가가 찾아온다. 섬 주변을 발갛게 태우며 해가 저무는 풍경이 유독 아름답기 때문이다.

동백나무터널

ACTIVITY

트레킹
(3.7km | 2시간)

통영의 다른 섬들과 같이 우도 역시 오래전 주민들이 지게 지고 나무하러 다니던 옛길을 닦아 탐방길을 조성했다. 마을과 낮은 능선을 따라 때로는 캄캄한 숲속으로 또 시원한 바다 풍경을 벗 삼아 누구나 쉽게 걸을 수 있는 3.7km의 코스다. 혹 탐방길이 짧고 쉬워 양에 차지 않으면 연화도로 넘어가서 트레킹을 이어가면 된다.

- 선착장-마을-몽돌해변-산길-용강정전망대-우도보도교-동백터널-선착장(들머리선착장, 마을 내 우물, 몽돌해변 위 50m 지점)

스노클링

몽돌해변은 스노클링 최적지다. 물이 맑고 물고기를 포함한 다양한 바다 생물을 관찰할 수 있다. 해변과 이어진 바닷속 몽돌 구역을 벗어나면 모랫바닥이다. 하지만 이 지점부터 수심이 깊어지니 주의해야 한다.

캠핑

몽돌해변앞 데크는 알파인텐트 한 동을 올리고도 왕래가 부담스럽지 않은 2.5m의 폭이다. 오래전 이곳의 데크는 백패커들이 알음알음 찾아들어 하룻밤을 묵고 가는 비밀스러운 캠핑 사이트였다. 우도는 백패커들에게 매우 호의적이다. 주민들은 통영시의 도움을 받아 해변에 화장실을 지었다. 상시 개방되는 화장실 때문에 해변에는 휴지와 물티슈가 날아다니지 않는다.

※식자재 : 여객선을 타기 전, 통영여객선터미널 부근의 하나로마트나 서호시장에서 필요한 식자재와 쓰레기봉투를 구매하면 편리하다. 때에 따라선 충무김밥을 테이크아웃해도 좋다. 간단한 주류와 식수 등은 '송도호민박'에서도 판매한다.

※섬 캠핑은 되도록 단출하게, 우도는 차량을 동반할 수 있는 섬이 아니니 텐트도 배낭에 쏙 들어가는 알파인텐트로 준비한다. 데크팩을 준비하면 텐트 설치가 쉽다. 캠핑경험과 장비가 부족하다면 펜션이나 민박을 예약하고 데이캠핑을 즐기는 것도 현명한 방법이다.

숲속 터널

스노클링

FOOD

해초비빔밥

강남연씨 부부가 운영하는 '송도호식당민박'은 전국구 맛집이다. 이곳의 해초비빔밥은 우리나라에서 원조격으로 물 빠진 갯바위에서 직접 채취해온 가사리, 톳, 서실, 돌미역, 거북손, 배말 등 갖은 해조류를 재료로 하며 특제 양념장을 얹어 완성된다. 해초비빔밥은 〈한국인의 밥상〉에도 소개되었을 만큼 눈이 맛있고 입으로 건강해지는 특별한 음식이다.

거북손

몽돌해변앞의 목섬은 이곳에선 갯바위 낚시도 할 수 있고 거북손과 여러 해조류도 채취할 수 있다. 바위틈에 군집을 이루고 사는 거북손은 이른 봄에 살이 오르는데 그 맛은 게살과 유사하나 더욱 찰지고, 쫀득쫀득하다.

STAY

몽돌해변 한쪽에는 '아라돔펜션하우스' 라는 분위기 있는 카페 겸 펜션이 있다. 또한, 마을 내에도 다양한 숙소가 들어서 있어 캠핑이 아니어도 충분히 멋진 섬 여행을 누릴 수 있다.

송도호민박 해초비빔밥

REFERENCE SITE & PHONE NUMBER

주요 기관 & 여행 안내

- 통영이랑 (통영테마여행 전문업체 | erang87.modoo.at)
- 대일해운 (www.대일해운.com | 055-641-6181)

음식 및 숙박

- 송도호민박식당 (tyudo.modoo.at | 010-3881-0784)
- JJ펜션 (udojj.modoo.at | 010-4635-1737)
- 아라돔펜션하우스 (aradomhouse.modoo.at | 010-7589-1372)| 010-7589-1372)

몽돌해변 캠핑 | 목섬

해 지는 마을

해상보도교

085 연화도

설렘 가득 6월의 섬

보덕암

탐방객의 반이 걷기 위함이라면 그 나머지는 절에 가기 위해서 연화도를 찾는다. 이름에서도 알 수 있듯이 연화도는 불교 색채가 강한 섬이다. 연화사는 조계종 총무원장을 지낸 고산스님이 1998년 창건한 절이다. 절의 역사는 짧지만, 연산군의 탄압을 피해 섬으로 들어와 수행하였다는 연화도사, 토굴 속에서 정진하다 깨달음을 얻었다는 사명대사의 이야기를 더하면 연화도의 불교 역사는 500년을 거슬러 올라간다.

연화도에는 크게 두 개의 마을이 있다. 하나는 선착장을 끼고 있는 본촌마을이고 또 하나는 동두마을이다. 두 마을은 각기 서쪽과 동쪽 끝에 있다. 본촌마을에서 연화봉 그리고 보덕암까지 이어지는 길에서 섬의 문화를 익혔다면 동두마을과 용머리바위에서는 자연을 맘껏 누려도 좋다.

2018년 옆 섬 우도와의 사이에 출렁다리가 놓이면서 탐방객들은 여정은 더욱 알차게 업그레이드되었다. 우도의 몽돌해변에서 캠핑하다 연화도를 걷고 전망 좋은 카페에서 커피를 즐기는가 하면 연화도에서 우도로 건너와 해초비빔밥을 먹고 구멍섬의 노을을 만끽한다.

연화도는 6월이 아름답다. 부처님오신날이 있고 온 섬 가득 수국이 피어나기 때문이다. 이맘때 연화도에서는 축제의 분위기가 느껴진다. 설렘이 있는 6월의 섬, 종교와 상관없이 연화도를 가야 하는 이유다.

TRAFFIC

여객선

통영여객선터미널 → 연화도

- 하루 3회 운항 | 1시간 소요

※ 휴가철, 주말 2회 증편, 동계 감회운항

마을버스

연화도선착장 → 동두항

- 여객선 입출항 시간마다 운행 | 1,000원
- 11인승인 마을버스는 여객선 입출항시간에 맞춰 선착장과 동두항의 3km 구간을 정시 운행한다. 그 외 시간은 수요응답형으로 탐방객과 마을주민들의 여객수요량에 따라 수시 운행.

PHOTO SPOTS

용머리바위

연화도 서남쪽 끝자락에 있는 4개의 바위로 용이 바다를 향해 헤엄치는 모습과 닮아 용머리 바위로 부른다. 연화도를 상징하는 비경으로 통영 8경에 포함된다. 연화봉 아래 능선길이나 보덕암 그리고 암릉 등산로 등에서 용머리바위의 모습이 조망되는데 가까이 갈수록 더욱 거칠고 압도적인 자태가 드러난다.

수국

연화도는 우리나라를 대표하는 수국의 섬이다. 수국은 6월에 꽃이 피기 시작해서 7월 중순까지 이어지며 흰색, 연두, 분홍 진보라까지 그 색이 다채롭고 아름답다. 특히 그맘때면 연화사에서 보덕암에 이르는 1km 도롯가가 온통 수국으로 뒤덮여 장관을 이룬다.

수국

PLACE TO VISIT

연화사

선착장에서 불과 500m 거리에 있는 연화사의 일주문은 섬의 관문과 같은 느낌이 든다. 연화도는 오랜 옛날 연화도사가 수장된 뒤 그 자리에 연꽃이 피어났다고 해서 붙여진 이름이다(화엄경 구절에서 따온 것이라는 설도 있음). 연화사의 이름 역시 그 설화에 기인해 지어졌다. 경내에는 대웅전, 미륵불, 3각9층석탑, 요사채 2동, 진신사리비, 연화사 창건비가 세워져 있다.

보덕암

연화봉 아래 동쪽 해안가에 있는 연화사의 부속 암자로 영험 있는 기도 도량으로 알려져 많은 불자가 찾아든다. 가파른 경사지에 지어져 바다에서는 5층, 반대쪽에서는 단층으로 보인다. 바다를 향해있는 해수관음보살 등 풍광이 조화롭고 아름답다.

아미타대불

연화봉 정상에 세워져 있는 높이 15m의 불상으로 2010년 봉불 및 점안식을 했다.

통영항을 내려다보고 있는 아미타대불 아래 빗돌에는 '텅 빈 그 마음으로 아미타 부처님께 예배하고 발원하면 이루지 못할 것이 없다'는 고산 스님의 경탄송(警嘆頌)이 새겨져 있다.

출렁다리

2011년 일명 돼지목이라는 낭떠러지 협곡 위에 출렁다리가 놓이면서 용머리바위로의 접근이 쉬워졌다. 길이 44m의 출렁다리 위에서는 촛대바위 등 절묘한 해식절경을 볼 수 있으며 다리 그 자체로도 층암절벽의 아찔함을 체험할 수 있다.

ACTIVITY

트레킹

연화도 종주 코스 (8.3km | 4시간)

연화도 여객선 터미널-등산로-아미타 대불-연화봉(정상)-사명대사 토굴-보덕암-진신사리 오층석탑-암릉 능선길-해안전망대-출렁다리-용머리전망대-용머리바위-동두몽돌해변-동두마을-연화사 사찰-연화초등 분교-마을 선착장

캠핑

연화도 탐방 후, 우도 몽돌해변으로 건너가서 캠핑하는 것이 현명하다. 연화도선착장의 슈퍼를 이용하면 캠핑에 필요한 간식거리도 챙길 수 있다.

연화사 | 아미타대불
용머리 전망대

FOOD

선착장을 중심으로 7~8곳의 식당이 있다. 연화도 주변으로도 고등어 양식장이 널리 분포하고 있기 때문에 섬 내에서 신선한 고등어회를 맛볼 수 있다.

- 출렁다리횟집 : 고등어 (6시내고향 6665회), 고등어요리 (생방송투데이 2070회), 고등어회 (2TV생생정보 149회)
- 어촌밥상 : 톳비빔밥 (6시내고향 6665회)

STAY

선착장 부근에 10곳, 동두항에 6곳의 숙박시설이 있다. 펜션이 주를 이루지만, 펜션형 민박의 경우 좀 더 저렴하게 이용할 수 있다.

REFERENCE SITE & PHONE NUMBER

주요 기관 & 여행 안내

- 연화도홈페이지 (www.yeonhwado.kr)
- 연화사 (055-641-3670, 010-4116-3670)

교통

- 대일해운 연화사무소 (055-641-6184)
- 연화도 마을버스 (010-2567-3010)
- 연화도여객유람선터미널 (055-643-7733)

음식

- 출렁다리횟집 (055-646-2890)
- 어촌밥상 (055-641-7891)
- 바다이야기 (010-4546-1393)
- 용머리민박식당 (055-643-6915)
- 동두회식당 (055-641-3223)

숙박

- 연화도리조트펜션 (www.yeonhwado.com | 055-641-7890)
- 연화섬나들이펜션 (010-6367-2703)
- 동영민박 (dybnb.hrweb.kr | 010-4541-6931)
- 연화마리나펜션 (0507-1306-1782)
- 한바다펜션 (010-3871-2071)
- 카페 나랫등소매점 (055-645-4520)

용두몽돌해변 | 출렁다리

용머리바위

086 욕지도

고등어회 한 점이 당기는 날이면

흰작살여

욕지도는 유인도 9곳 무인도 40여 곳으로 이뤄진 욕지면의 모섬이다. 욕지도는 또한 통영시에서 가장 많은 여행객이 찾아드는 섬이기도 하다. 욕지도의 이름은 화엄경 구절인 '욕지연화장두미문어세존(欲知蓮華藏頭尾問於世尊)'에서 따온 것이라 전해진다. 그렇게 보면 연화도, 두미도, 세존도의 이름 역시 화엄경에서 연유된 것이라 볼 수 있다. 조선 시대에는 욕지도에 일반인이 거주할 수 없었다. 섬 전체가 사슴목장으로 이용되었기 때문이며 19세기 말에 이르러서야 주민이 정착하기 시작했다. 이후 일제강점기에는 무려 2,000명에 달하는 일본인 어부들과 상인 그리고 그들의 가족들이 들어와 마을을 형성하고 살았다. 현재 자부마을로 불리는 좌부랑개에 그 흔적이 남아있다.

욕지항은 각 선사의 터미널과 식당 그리고 숙박 편의시설들이 모여있어 늘 북적인다. 젊은 여행객들은 욕지항을 베이스캠프로 하고 순환버스를 이용 섬을 탐방한다. 자부마을과 모밀잣밤나무 군락지, 이중섭 길이 욕지항 부근에 있는 것은 도보 여행자에게는 행운이다.

욕지도의 가장 큰 관광인프라는 뭐니 뭐니 해도 해안 풍경이다. 머나먼 남쪽 바다로부터 불어온 드센 바람과 거친 파도는 절경의 해식애를 곳곳에 만들어놓았다. 파란 바다 위에 우뚝 솟은 벼랑과 바위들은 보는 이로 하여금 탄성을 자아내게 한다.

욕지도는 순환도로가 잘 조성돼있다. 차량을 동반할 경우, 24km 길이의 8자 형 순환도로만 꼼꼼히 따라가도 욕지도의 명소들을 대부분 둘러볼 수 있다.

출렁다리

TRAFFIC

여객선

통영여객선터미널 → 욕지도

- 하루 3회 운항 | 1시간 30분 소요

산양읍 삼덕항 → 욕지도

- 하루 4회 운항 | 45분 소요

※차량운임 : 편도 22,000원(승용차 기준)

산양읍 중화항 → 욕지도

- 하루 6회 운항 | 1시간 10분 소요

※차량운임 : 편도 22,000원 (승용차 기준)

욕지도 마을버스

- 순환버스 | 하루 6회 운행
- 욕지항-제2출렁다리-노적마을-목과마을입구-솔구지전망대-새천년기념공원-욕지도관광모노레일-욕지항

욕지도 관광일주

※ ACTIVITY 항목 참조

PHOTO SPOTS

욕지도 출렁다리

욕지도에는 3개의 출렁다리가 있다. 그중 대표적인 것이 노적마을과 동섬을 잇는 출렁다리다. 동섬은 펠리컨바위로도 불리는데 새천년공원에서 바라보면 바다를 향해 부리를 내민 모습이 매우 흡사하다. 출렁다리는 주변의 협곡은 물론 욕지도 남쪽 해안의 바위와 벼랑을 촬영하기에도 좋은 장소다.

대기봉 전망대

해발 392m 대기봉 전망대에서는 옥동, 망대봉, 일출봉 등 동항의 봉우리는 물론 욕지해안의 굴곡 너머 연화도와 우도의 모습까지 시원하게 조망된다. 통영이 품은 바다와 섬을 배경으로 욕지도 여행의 인증사진을 남길 수 있는 최적의 장소다.

삼여도

새천년기념공원 앞바다에 있는 세 개의 바위를 삼여도라 부른다. 삼여도는 욕지도의 대표적 비경으로 꼽히는데 일주도로 변 삼여 전망대에서 바라본 모습이 가장 아름답다.

간독

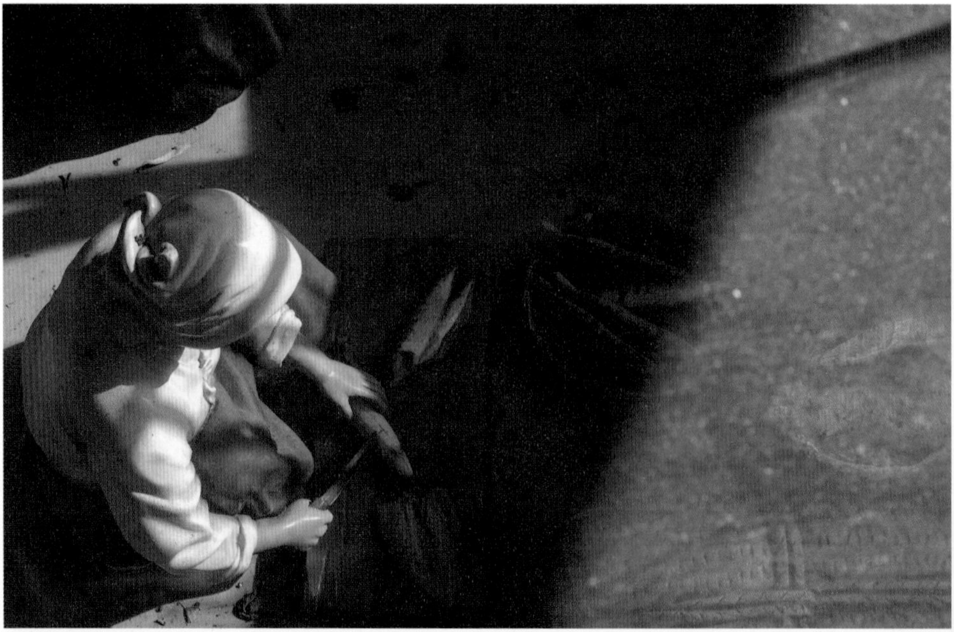

PLACE TO VISIT

좌부랑개

일제강점기에 욕지도항은 어촌 근대화를 이룬 대표적 항구였다. 일제는 수산물 수탈을 위해 일본인들의 이주를 장려했으며 좌부랑개는 그렇게 생겨났다. 이후 욕지항에는 수많은 어선이 몰려들었고 뱃사람들로 인해 술집, 여관, 식당 등은 불야성을 이뤘다. 현재도 목욕탕과 당구장의 흔적이 남아있으며 근대문화역사거리로 조성되어 당시의 모습을 기록하고 있다.

이중섭 전망대

6 · 25 전쟁 때 통영에 거처하던 이중섭은 욕지도에 우연히 들어왔다가 풍경에 매료되어 좌부랑개에 머물게 되었다. 이중섭 전망대는 그가 욕지도항의 아름다운 풍광을 화폭에 담아내던 곳이라 전해진다.

모노레일

2019년 개통된 욕지도 모노레일은 승강장에서 천왕산 대기봉(355m)까지 2.1km의 거리를 운행한다. 정상까지 오르는 약 16분 동안 욕지도 곳곳의 아름다운 풍광을 즐길 수 있으며 정상에 서면 한려수도를 수놓은 섬들의 모습을 시원하게 조망할 수 있다. 모노레일은 최대 8명까지 탑승 가능하며 이용료는 편도 11,000원, 왕복 15,000원이다.

메밀잣밤나무군락지

자부마을 뒤편에는 작은 동산이 있다. 동산에는 100여 그루의 모밀잣밤나무가 자생하는데 산자락을 타고 내려와 바다 위로 가지와 잎을 늘어뜨리고 있다. 어부림의 역할을 하는 이 나무들은 천연기념물로 지정되어있다.

욕지항 전경

ACTIVITY

트레킹

모노레일 코스

■ 트레킹 코스

모노레일 하부역사-모노레일-대기봉-태고암-천왕봉-모노레일 상부역사-모노레일-하부역사

■ 등산 코스

여객선터미널-새천년공원-바당바위전망대-대기봉-태고암-천황봉-모노레일 상부역사-모노레일-하부역사

욕지도 등산 코스

■ 종주 코스 (4시간 30분)

욕지항-버스 이동-야포-일출봉-망대봉-노적-혼곡-할매바위-대기봉-천황봉-태고암-시금치재-양과봉-논골-욕지항

망대봉 코스 (2시간)

욕지항-버스 이동-야포-일출봉-망대봉-노적-혼곡-욕지항

천황봉 A코스 (1시간 30분)

욕지항-혼곡-할매바위-대기봉-천황봉-태고암-욕지중학교-욕지항

천황봉 B코스 (2시간)

욕지항-혼곡-새천년기념관-마당바위-대기봉-천황봉-태고암-욕지중학교-욕지항

약과봉 코스 (1시간 30분)

욕지항-시금치재-양과봉-논골-욕지항

캠핑

대풍바위오토캠핑장

(해마원오토캠핑장 | 1박 40,000원)

욕지항에서 가까워 백패커들에 유리하다. 잔디사이트로 구성돼있으며 도로를 사이에 두고 바다와 인접해있다.

청보리오토캠핑장 (1박 50,000~60,000원)

욕지도 서쪽 끝 서산리 바닷가에 있다. 총 4개의 구획에 사이트와 주차장이 분리돼있으며 파쇄석 바닥이다. 여름철 물놀이나 낚시를 함께 즐기기에 좋은 환경을 가지고 있다.

파라다이스펜션캠핑장

(1박 40,000원~60,000원)

서산리 유동어촌체험마을내에 있다. 데크와 잔디사이트로 구성돼있으며 규모는 크지 않다. 바닷가에서 조금 떨어진 대신 좀 더 오붓하고 안전하게 캠핑할 수 있다. 차량은 사이트 구축 후 별도 장소에 주차해야 한다.

욕지도관광농원 오션뷰카라반

(1박 150,000~240,000원)

카라반 전용 캠핑장이다. 각각의 카라반에서 바다가 조망된다.

좌부랑개

욕지도관광일주(2시간 | 10,000원)

욕지도를 일주하는 관광버스 투어로 전화 예약해야 한다.

좌부랑개-흰작살 해수욕장-청사 전망대(한국의 하롱베이 | 하차 후 사진촬영 및 가이드 설명)-대송 포토존(삼백리 한려수도 | 하차 후 사진촬영 및 가이드 설명)-1박2일 촬영지 고등어 훈련장(가두리)-욕지도 최초의 펜션-노을 전망대(하차 후 사진촬영 및 가이드 설명)-새천년 기념공원 해돋이 행사장(하차 후 사진촬영 및 가이드 설명)-출렁다리(욕지도 제1경)-펠리컨해벽

펠리칸바위 | 메밀잣밤나무 군락지

FOOD

고등어

욕지도는 우리나라에서 가장 신선한 고등어회를 먹을 수 있는 섬이다. 1920년대 이후부터 70년대까지 욕지도에선 대대적인 고등어잡이가 이어졌다. 냉동시설이 없던 당시에는 집마다 '간독'을 두었으며 그렇게 만들어진 염장 고등어를 통영, 마산, 사천, 영덕 그리고 안동으로 보냈다. 하지만 이후 남획의 결과로 어족이 고갈되었고 한동안 욕지도에서는 고등어를 찾아볼 수 없었다. 그러던 2000년대에 들어 다시 고등어가 등장하기 시작했다. 가두리 양식에 성공했기 때문이다. 욕지도는 국내 최대의 고등어 생산지로의 명성을 되찾았다.

STAY

섬 내 알려진 펜션 민박만도 50곳이 넘는다. 펜션은 시설에 따라 가격이 천차만별이지만, 평균적으로는 2인 기준 평일 7만 원이다. 성수기, 주말, 휴일에는 10만 원 수준.

고구마

욕지도의 황토밭은 고구마 농사에 매우 적합하다. 고구마는 욕지도의 또 다른 특산물로 현지에서는 고메로 불린다. 욕지도의 고구마는 유난히 달고 맛있다. 욕지항 부근에는 고구마를 재료로 하는 막걸리와 케이크도 판다. 명소 중 하나로 꼽히는 욕지도할매바리스타 카페에서도 고구마라떼는 인기품목이다.

- 욕지도할매바리스타 : 할매커피 (생방송투데이 2124회)
- 해녀김근단포장마차 : 생선회 (생방송투데이 2640회), 고등어요리 (생방송투데이 2124회)
- 욕지1번가 ; 섬 한상 (생방송투데이 2495회)
- 늘푸른횟집 : 고등어회/고등어조림 (6시내고향 6845회), 고등어 (생방송오늘저녁 418회), 고등어회/자리돔물회 (생방송오늘저녁 353회), 고등어 (6시내고향 5324회)
- 욕지반점 : 해물짬뽕 (생방송투데이 2495회)

고등어회 | 대굴

해안협곡

REFERENCE SITE & PHONE NUMBER

주요 기관 & 여행 안내

- 욕지도 (www.yokjido.kr | 055-1600-7788)
- 욕지면사무소 055-642-5119
- 관광안내소 055-650-5375~8
- 욕지도관광일주 (동백관광 김영찬 | 010-3847-4577)

교통

- 통영항-욕지도 여객선 (대일해운.com)
- 중화항-욕지도 여객선 (www.yokjidoferry.com | 1577-6951)
- 삼덕항-욕지도 여객선 (www.yokjido.or.kr | 055-643-8973, 055-642-2542)
- 욕지도모노레일 예약 (yokjido.ttdc.kr | 1544-33303)
- 욕지도 마을버스 (010-5423-8259)

캠핑

- 대풍바위오토캠핑장 (m.cafe.naver.com/yokjidaepung | 010-4100-9922)
- 청보리오토캠핑장 (m.cafe.daum.net/cheongdori | 010-8075-5005)
- 파라다이스펜션캠핑장 (blog.naver.com/pero | 010-3579-1145)
- 욕지도관광농원오션뷰카라반 (010-8520-3107)

음식

- 욕지도할매바리스타 (055-645-8121)
- 해녀김금단포장마차 (010-3633-5136)
- 욕지1번가 (055-646-5855)
- 늘푸른횟집 (0507-1362-6779)
- 욕지반점 (055-642-5166)

숙박

- 펜션블루씨 (www.펜션블루씨.kr | 010-4811-5732)
- 욕지도하늘마루펜션 (yokjiskymaru.modoo.at | 010-8810-5040)
- 로하스펜션 (www.로하스펜션.com | 010-8822-0808)
- 양지펜션 (yangjihome.modoo.at | 010-3156-9796)
- 욕지해바다펜션 (dyrwleh.modoo.at | 055-648-5350
- 욕지도펜션리조트 (yokjidopr.modoo.at | 010-5022-3360)
- 샹그리라펜션 (pensionshangrila.modoo.at | 010-4500-4188)
- 다이버스파라다이스 (010-9283-9786)
- 욕지도등대리조트 (www.ddresort.com | 055-641-6285)
- 하늘섬펜션 (욕지도하늘섬펜션.com | 010-5599-1177)
- 힐링하우스 (healps.infotown.kr | 1833-6682)
- 솔구지펜션 (sol9.cafe24.com | 010-2666-1633)
- 허브랜드 (wwww.yokjilove.com | 055-641-2302)
- 욕지도한려펜션 (www.yorkjido.com | 010-2939-0080)
- 전망좋은집 (ykpension.modoo.at | 010-4403-0050)

대풍바위 오토캠핑장

삼여도

해안절벽

087 학림도

먹고 뒹구는 것도 여행이고말고

학림도는 통영시 달아항에서 10분 거리에 있는 섬으로 저도, 송도, 연대도, 만지도에 둘러싸여있다. 작고 평범한 학림도에 관광객들이 찾아들기 시작한 것은 2012년 '어촌어항관광섬 조성사업'이 마무리되면서부터다. 전략사업의 결과로 섬에는 종합휴양관, 생태체험장, 전망데크, 상징조형물, 마을광장, 소공원, 유료낚시터 등이 조성되고 해안 산책로가 정비되었다.
학림도는 통영에서도 알아주는 부자 섬이다. 어촌계원들이 운영하는 가두리양식장에서 벌어들이는 수입이 쏠쏠하다. 펜션, 바지락 캐기 체험, 자전거 대여 등의 부가사업 또한, 마을 공동으로 운영한다. 그러다 보니 학림도를 찾은 탐방객은 깨끗하고 깔끔한 인상을 받게 된다.
학림도는 가족여행지로 알맞은 섬이다. 당일이든 하룻밤을 보내든 머무는 만큼의 만족을 주는 섬이다.

TRAFFIC

여객선

달아항(통영시 산양읍) → 학림도

- 하루 4회 운항 | 10분 소요

※ 달아항은 24시간 주차비가 7,000원이지만, 여객선 이용 시 3,000원 할인해준다.

PLACE TO VISIT

고래개능선과 금사굴

고래개능선은 탐방로 중 벼랑 위를 지나는 구간이다. 학림 8경중 5개의 비경이 고래개능선 아래에 있다. 금사굴은 학림8경 중 7경에 속한다. 봄이면 금사굴에 석화가 피는데 그것을 긁어서 달여 먹으면 위장병이 낫는다는 이야기가 전해진다. 주상절리, 대문강정, 수틀바위, 가마우지 바위 등 줄줄이 이어지는 고래개능선의 해안 절경도 금사굴에서부터 시작된다.

해송숲공원

학림방파제 뒤편에는 해송숲공원이 조성돼있다. 공원은 규모가 작은 편이지만 울창한 송림으로 뒤덮여있어 매우 아늑한 느낌을 준다. 공원 내에는 정자를 설치해 탐방객들이 쉬어갈 수 있도록 했다.

PHOTO SPOTS

석방렴

학림도선착장에서 해안도로를 따라 약 500m 지점에는 석방렴이 있다. 밀물 때 들어왔다가 썰물에 빠져나가지 못한 고기를 잡아내는 전통의 어업방식이다. 학림도의 석방렴은 관광객을 위한 체험시설이지만 해안가 바위를 물막이로 이용하는 등 자연 그대로의 모습을 간직하고 있다. 물이 찼을 때의 경관이 특히 아름답다.

처용바위 낙조

처용바위는 홍보관 뒤편 해안가에 있는 바위로 도깨비바위라고도 불린다. 처용바위에는 아내를 기다리다 파도에 밀려 돌이 되었다는 구슬픈 전설이 깃들어있다. 저녁 무렵 이곳에서 학림도 섬 끝과 처용바위 뒤편으로 지는 해를 촬영하면 낙조의 분위기가 훨씬 드라마틱해진다.

학림도 상징 조형물

ACTIVITY

트레킹
(5.2km | 2시간)

학림도선착장-해송숲공원-바지락 체험장-전망대-석방렴-고래개능선-조망바위-홍보관-해연수산-홍보관-해안산책로-바지락 체험장-석방렴-학림도 방파제-선착장

캠핑

해송숲공원 데크와 전망데크 등을 백패킹 숙영지로 이용하는 예도 있으나 권장할 만한 사항은 아니다. 또한, 차량을 동반한 방파제 낚시 캠핑도 타 여행객들에게 민폐가 된다.

학림도에는 캠핑과 차박에 적당한 장소가 없다. 여행 후 섬 밖으로 나와 즐기는 것이 바람직하다.

FOOD

펜션과 민박 등에서 섬에서 나는 생선회와 나물을 저렴하게 즐길 수 있다. 1식 평균 6,000원, 우럭회는 1kg에 만 원 정도로 무척 저렴하다.

방풍나물

학림도의 방풍나물은 염분이 강한 해풍을 맞고 자라 육지보다 향이 3~4배 강하다. 갯방풍 또는 해방풍으로 불리는 이것은 비타민과 섬유질이 풍부하며 칼슘, 칼륨, 철분, 미네랄 성분이 있는 것으로 알려져 있다.

바지락

학림도 갯벌에는 모래와 자갈이 넓게 분포하고 있다. 또한 조류의 이동이 원활하고 빨라 바지락이 크고 신선도가 좋다. 학림도 바지락체험은 관광객들에게 매우 인기가 있는데 사전 신청해야 하며 성인은 체험비 15,000원에 5kg, 어린이는 5,000원에 2kg까지 채취해 가져갈 수 있다.

우럭

양식 우럭은 학림도의 대표 특산물이다. 총 4.2ha에 달하는 가두리양식장은 천혜의 자연환경을 가지고 있다. 청정해역에 속해있는 데다 주변 섬들이 바람과 파도를 막아주기 때문이다.

고등어, 전갱이, 청어 등을 먹이로 사용하는 우럭은 육질이 찰지고 맛에 깊이가 있다. 학림도에서는 이 밖에 참돔, 능성어, 돌돔 등도 양식한다.

STAY

총 6곳의 펜션과 민박이 있다. 학림휴양관은 가족 단위 여행객들을 위한 시설(4인 8만 원)이며 학림섬펜션은 대형 온돌방 3개로 구성돼있어 단체에 적합하다(15만 원~25만 원).

민박은 4~5인 기준 1박 8만 원 수준이다.

※ 미정민박은 일주일 이상의 장기 여행자에게 특화돼있다. (일주일 30만 원, 월 65만 원)

해송숲공원

REFERENCE SITE & PHONE NUMBER

주요 기관 & 여행 안내
- 학림도 홈페이지 (haklim.invil.org)
- 어촌계장 (김천영 055-642-1917)
- 학림휴양관 (정수봉 010-4557-0438)

교통
- 달아항 여객선 매표소 (055-643-3363)

체험 활동 & 라이딩
- 바지락체험 (김정규 010-4591-6538)
- 자전거대여 (김정규 010-4591-6538)

음식 및 숙박
- 학림섬펜션 (정수봉 010-4557-0438)
- 학림섬힐링민박 (010-3551-6317)
- 학림민박 (010-4577-6444)
- 새섬민박 (010-9320-1926)
- 학섬민박 (010-4588-7342)
- 미정민박 (010-4849-0953)
- 섬나들이포차 (010-4572-2277)

석방렴

088 만지도, 연대도

명품 섬 VS 에코 섬

연대도 몽돌해변

2014년, 만지도와 연대도 사이에 길이 98m의 현수교(출렁다리)가 놓였다. 가깝지만 떨어져 있던 두 섬을 걸어서 오갈 수 있게 되자 관광객의 숫자가 급속도로 증가했다. 육지에서 불과 15분 거리에 있어 시간과 비용이 적게 드는 데다 두 섬을 한꺼번에 여행할 수 있으니 어쩌면 당연한 결과였다.

만지도는 2017년 전국 14번째, 한려해상에서는 3번째로 국립공원 명품마을에 선정됐다. 주민 수가 40명이 채 되지 않을 정도로 작은 섬이지만, 아기자기한 매력을 가지고 있다. 마을 전면에 식당과 카페, 펜션 등을 내어놓고 그 뒤쪽으로는 파스텔색의 지붕을 가진 가옥들이 모여 곰솔군락과 능선에 포근히 안겨있는 모습이다. 2km 둘레에 불과한 섬 안에는 거친 바다를 막아선 암릉과 봉긋한 동산도 솟아있으며 해안 데크길도 놓여있다. 두세 시간의 여정을 채우기에 만지도는 부족함이 없는 섬이지만 연대도가 남아있으니 출렁다리를 향해가는 걸음은 다시 또 즐거워진다. 주말과 성수기의 출렁다리는 정체가 빈번하다. 너나없이 사진을 찍기 위해 멈춰서기 때문이다.

연대도는 오히려 수수한 느낌이 있는 섬이다. 집집마다 팻말을 통해 삶의 이야기를 전하고 있으며 골목 곳곳에는 옛 시절의 흔적이 남아있다.

비록 길이는 짧지만, 한려해상 바다백리길 4구간이 연대도를 지난다. 화석연료를 전혀 사용하지 않는 청정 무공해 섬에서의 트레킹은 또 다른 의미가 있다.

만지도와 연대도는 비슷한 자연과 문화적 환경을 가지고 있다. 그러나 여행의 관점에서는 각각의 개성이 도드라지는 섬이다. 성수기를 멀찌감치 떨궈놓고 여유로운 계절에 떠나볼 섬들이다. 인파에 가려 섬을 보지 못하는 일은 없을 테니까.

출렁다리

TRAFFIC

여객선

달아항(통영시 산양읍) → 연대도, 만지도

- 하루 7회 운항 | 25분 소요

연명항(통영시 산양읍) → 만지도

- 하루 9회 운항 | 15분 소요

※ 연명항에서 홍해랑호가 주말, 공휴일 30분 간격 운항 (인터넷 예매 할인)

PLACE TO VISIT

200년 해송

만지봉으로 오르는 탐방로 중간지점에는 만지도의 명물인 '200년 해송'이 있다. 200년 전은 만지도에 사람들이 정착한 시점이다. 탐방객들이 200년 해송을 찾는 이유는 자명하다. 섬의 역사와 함께했던 노송은 사람들에게 기운을 준다고 알려져 있기 때문이다.

에코아일랜드

2007년 연대도는 통영시가 추진한 에코아일랜드 사업에 최초로 선정됐다. 청정 생태여행지를 지향하는 사업 취지에 걸맞게 연대도비지터센터는 첨단 단열공법을 이용하여 에너지의 낭비를 최소화한 패시브하우스로 지어졌다. 2012년에는 폐교자리에 연대에코체험센터가 들어섰다. 숙박동, 식당, 체험센터를 갖춘 시설은 2021년 한국관광공사의 후원으로 '탄소 없는 여행'을 진행했다.

PHOTO SPOTS

바람길 전망대

바람길 전망대는 만지도 마을 뒤편 능선 위에 있다. 전망대는 광활한 바다와 수평선에 떠있는 두 미도 노대도 욕지도를 조망하기 위해 설치된 것이다. 반대편의 전망도 좋다. 울긋불긋한 마을과 만지항 그리고 학림도의 모습이 훤하게 내려다보인다. 어느 방향이든 사진을 찍기에 좋은 장소다.

마을골목

만지도나 연대도 골목을 지나다 보면 낡은 지붕과 담벼락 그리고 그 너머 한동안 잊고 지냈던 시절의 소품들을 만날 수 있다. 애틋한 순간을 사진에 담아 추억을 소환해보는 것도 섬 여행의 묘미다.

연대도 몽돌해변

연대도 마을 뒤편에는 몽돌해변에는 물때에 따라 이어지고, 딴 섬이 되는 큼지막한 바위가 있다. 본 섬의 벼랑과 바위 사이와의 간격은 매우 좁아 마치 협곡과 같은 느낌을 준다. 협곡을 잇는 몽돌과 그 위를 넘나드는 바닷물과 함께 촬영하면 뜻밖의 멋진 사진을 얻을 수 있다.

출렁다리

출렁다리는 만지, 연대도 여행의 기념사진을 담을 수 있는 상징적인 장소다. 그런데 좋은 화각과 자신만의 개성 있는 장면을 연출하기가 쉽지 않다. 연대도 쪽의 기둥 사이로 만지도 쪽 기둥을 넣어보는 것도 방법의 하나며 달아선착장에서 섬나들이호를 타고 연대도에 기항 후 만지도로 넘어갈 때 촬영하면 갑판 위의 피사체와 출렁다리를 함께 담을 수 있다.

홍해랑호

ACTIVITY

트레킹

연대도 지겟길 (2.3km | 1시간 30분)
연대도선착장-북바위전망대-옹달샘-연대봉-오곡도전망대-에코체험센터-연대도선착장

만지도 옛길(몬당길 | 2.5km | 1시간 40분)
만지마을-바람길전망대-만지봉 몽돌해변 갈림길-만지봉-욕지도전망대-동백숲길-몽돌해변-만지마을

만지도 연대도 종주 트레킹
(6.8 km | 3시간 30분)
만지선착장-해변데크길-출렁다리-몽돌해변-연대도 지겟길-북바위전망대-오곡도전망대-연대봉-연대도선착장-출렁다리-만지도 직녀길-폐교터-200년해송-만지봉-욕지전망대-동백숲-만지선착장

캠핑

에코체험센터가 통영에코파크로 이름을 갈아타면서 카라반 펜션으로 재개장했다. 잔디그라운드와 데크사이트를 갖추고 있어 캠핑도 가능하다.

군소잡이 | 연대도 마을골목

FOOD

만지도 앞바다에는 전복양식, 가두리양식장이 있다. 만지도와 연대도를 합쳐 10곳 정도의 식당이 있으나 대부분은 만지도선착장 부근에 몰려있다. 메뉴는 주로 전복라면과 백반 그리고 생선회 등이다.

- 원조이모전복해물라면집 : 전복해물라면 (생방송투데이 2792회)
- 이모민박 : 전복해물라면 (생방송투데이 2267회)

STAY

만지도에 7곳, 연대도에 8곳의 숙박시설이 있다. 대부분 펜션형으로 4인 기준 8만 원 수준이다

REFERENCE SITE & PHONE NUMBER

교통

- 만지도연대도유람선 (홍해랑호 예약 | www.yeondaedo.co.kr)
- 연명항 매표소 (055-643-3433, 3443)
- 달아항 매표소 (055-643-3363, 3364)

음식 및 숙박

- 통영에코파크 (1833-9306)
- 원조이모전복해물라면집 (010-9330-5980)
- 만지도외갓집밥상 (010-4789-0524)
- 만지도맛집 (010-7216-7441)
- 만지도전복 (055-642-0996)
- 이모민박 (010-9330-5980)
- 만지도펜션 (manjidopension.modoo.at | 010-4390-7441)
- 만지도 통나무황토방민박 (055-641-7667)
- 만지도천지펜션 (010-4565-5871)
- 연대도섬펜션 (연대도섬펜션.kr | 010-4557-5511)
- 연대도달맞이펜션 (010-9388-5932)
- 연대도산토리니 (010-9397-5000)
- 소나무숲펜션식당 (010-3187-2070)
- 만지봉펜션&횟집 (manjihoet.modoo.at | 010-6716-5558)

바람길전망대

200년 해송

연대도 지겟길

089 한산도

충무공의 발자취를 따라 역사 속으로

통영시에는 520여 개로 우리나라에서 신안군 다음으로 섬이 많다. 그중 한산도는 미륵도 다음으로 큰 섬이다. 이순신 장군의 역사가 숨 쉬고 있는 한산도는 한산대첩의 주 무대며 삼도수군통제영이 처음으로 설치됐던 곳이다. 한산도는 통영항에서 불과 20분 거리에 있고 여객선의 왕래도 잦아 접근하기가 매우 좋다. 섬으로 들어가는 뱃길에는 상, 하죽도와 해갑도 그리고 거북등대가 탐방객을 반긴다.

제승당은 한산도의 대표 명소다. 이순신 장군 유적지 안에 있는 사당으로 한산대첩에서 승리한 후 세워졌으며 현재는 한산도를 대신하는 별칭으로도 사용된다. 한산도는 이웃 섬 추봉도와 연도되어 생활권을 공유하고 있다. 양 섬 모두 해안을 따라 도로가 반듯하게 놓여있지만 순환되지는 않는다.

한산도는 다양한 여행의 욕구를 충족시켜주는 섬이다. 한려해상국립공원 바다백리길 중 하나인 한산도 역사길이 망산의 능선을 타고 이어지는가 하면, 봉암수석으로 유명한 몽돌해수욕장이 추봉도 해안 한쪽에 자리하고 있다. 또한, 예스러운 섬 정취를 간직하고 있는 마을이 많아 골목과 포구를 돌아보는 재미도 있다.

통영항에서 거리가 가까우니 뱃삯과 차량운임도 덩달아 저렴하다. 역사길 탐방과 산행이 목적이 아니라면 차량을 동반해서 입도해도 좋다. 잘 갖춰진 오토캠핑장이 있고 추봉도의 땅끝마을까지 두루 살펴볼 수 있기 때문이다.

한산도 충무공 유적

TRAFFIC

여객선

통영항여객선터미널 → 한산도 제승당

■ 하루 20회 운항 | 20분 소요

※ 두 개의 선사(유성해운, 한산농협)가 여객선을 운항하며 승선시간, 매표창구, 승선장이 각기 다르니 주의해야 한다.

※ 차량운임 왕복 28,000원 (1600cc 승용차 기준)

※ 하루 10회 한산도 의항에 기항한다.

※ 유성해운 소속의 시파라다이스호가 하루 4회 한산도 관암에 기항한다.

통영항여객선터미널 → 한산도 진두항

■ 하루 3회 운항 | 45분 소요

※ 진두항은 한산면사무소가 있는 항이다.

거제어구항 → 한산도 소고포항

■ 하루 9회 운항 | 15분 소요

※ 차량운임 왕복 24,000원 (중형 승용차 기준)

한산도공영버스

1노선(18회 운항)

■ 제승당 → 소, 대고포 → 창곡, 장곡 → 면사무소 → 의암, 야소 → 장작지

※ 여객선 도착시간에 맞춰 대기

2노선(7회운항)

■ 의항 → 면사무소 → 봉암해수욕장 → 곡룡포

※ 추봉도방향으로 가려면 의항에서 하선해야 한다.

PLACE TO VISIT

제승당

한산도 충무공 유적은 통영시 한산면 두억리 일원 16만 평 부지에 조성되어있다. 그 중심에 있는 제승당은 조선 최초의 통제영으로 충무공이 삼도수군통제사에 올라 파직될 때까지 3년 7개월간 사령부 역할을 했던 곳이다. 정유재란 때 불타 없어졌으나 훗날 107대 통제사인 조경이 다시 짓고 제승당이란 현판을 내걸었다. 유적지 내에는 제승당과 더불어 충무사, 한산정, 수루, 비각 등이 들어서 있다.

상, 하죽도 / 해갑도 / 거북등대

한산도 내만의 입구를 막고 서있는 상죽도와 하죽도는 일명 댓섬으로 불린다. 임진왜란 당시 이곳에 신우대를 심어 화살을 생산해냈다. 또한, 작은 무인도 해갑도는 이순신 장군이 갑옷을 벗고 휴식을 취하던 섬이며 거북등대는 하나의 돌을 조각해 만든 것이다.

포로수용소터

한국전쟁 당시 거제포로수용소가 과밀화되자 인근 섬 추봉도의 추원, 예곡마을에 북으로의 송환을 원하는 포로 1만 명을 격리 수용했다. 수용소를 설치하는 과정에서 주민들은 강제로 이주당했다가 휴전 후 다시 돌아왔다. 지금도 마을 일대에는 창고, 국기 게양대, 돌담, 헬기장 등 당시의 흔적이 남아있다.

한산도 마을길 | 통제영오토캠핑장

PHOTO SPOTS

추봉도 봉암해변 노을

봉암해변은 추봉도 남서쪽 해안에 있다. 길이는 약 1km이며 초승달과 같은 해안선을 타고 마모가 잘 된 작은 몽돌이 해변을 덮고 있다. 이곳의 낙조는 전면이 아닌 바다 건너 비스듬히 위치한 용초도 너머로 펼쳐진다. 몽돌해변과 섬 그리고 낙조를 한데 모아 더욱 감성적인 장면을 연출할 수 있다.

한산도 마을길

한산도와 추봉도를 여행하다 보면 옛 가옥과 돌담 그리고 생활의 흔적들을 고스란히 간직하고 있는 마을들을 만나게 된다. 망곡마을의 돌담길, 여차마을의 재래식 굴 양식 틀, 두억마을의 빛바랜 곡식 창고 등이 그것이다.

추봉도 봉암해변 노을

ACTIVITY

트레킹

바다백리길 한산도 역사길 (12km | 4시간)
덮을개-망산-진두

망산 등산길

- 1구간 (5.9km | 2시간 10분)

제승당-망산정상-진두마을

- 2구간 (3.9km | 1시간 40분)

제승당-망산정상-야소마을

- 3구간 (7.0km | 3시간)

제승당-망산-장작지 뒷산-띠밭등-장작지마을

한산도 종주 코스 (15.3km | 6시간)
대고포-장곡-창동-입정표-진두-야소-의암-하포-장작지-의항-제승당

캠핑

한산도 테마마을 통제영 오토캠핑장은 사회적 기업 '통영뚜벅투어'에서 운영하는 시설이다. 총 31개 오토캠핑 사이트 중 일부는 카라반 설치에도 적합하다. 캠핑장은 섬 안에 위치하지만, 접근성이 좋고 바다를 전면에 펼쳐두고 있어 사이트뷰가 압도적이다. 네이버를 통해 예약이 가능하며 매월 초 신규 예약이 오픈된다.

※ 한산농협카페리 이용시 20%할인된다.
※ 진두선착장 앞에 하나로마트가 있다.

라이딩
(42km | 3시간 30분)

제승당-대고포-소고포-장곡마을-창동마을-한산초교-추봉교-예곡마을-곡용포-예곡마을 추동보건진료소옆길-봉암몽돌해변-추봉교-한산면사무소-하포마을-장작지마을-문어포-한산대첩기념비-신거마을-망곡마을-장곡마을-대고포-제승당

해갑도

FOOD

섬의 규모에 비해 식당이 많은 편은 아니며 대부분 한산면사무소 주변에 밀집해있다. 곡룡포는 추봉도의 가장 남쪽에 있어 땅끝마을로 불린다. 이곳 포구에는 고깃배를 이용 물고기를 잡아 파는 '영승수산'이란 곳이 있다. 신선한 생선회를 값싸게 팔고 있어 단골들이 많다.

STAY

한산도와 추봉도에 20여 개의 펜션, 민박이 있다.

문어포에 있는 한산도가족산장은 30평 독채로 숙박료는 주말 평일 균일하게 150,000원이다. 가족 단위나 소규모 단체가 저렴하게 이용할 수 있다.

REFERENCE SITE & PHONE NUMBER

주요 기관 & 관광 안내

- 한산도 (www.hansando.or.kr)
- 한산면사무소 (055-642-5119)
- 관광진흥과 (055-645-0101)
- 관광안내소 (055-650-5375~8)

숙박

- 통제영오토캠핑장 (cafe.naver.com/tongjaeyoung | 010-7343-1603)
- 한산섬바들향펜션 (www.badaaroma.com | 010-3597-5934)
- 추봉펜션 (055-648-1212)
- 한산도가족산장 (hansan.modoo.at | 010-4155-1450)
- 개똥골펜션 (hansando.coja.kr | 010-4945-4544)
- 통영한산도펜션 (010-3156-7234)
- 한산펜션 (www.hansanpension.co.kr | 055-641-7811)
- 하포펜션 (hapopension.co.kr | 055-645-6004)
- 추봉도바다펜션 (055-642-8678)
- 아지랑오션뷰스파펜션 (ajirang.infotown.kr | 1833-6682)

음식

- 영승수산 (010-9317-0077)
- 하나로마트 한산농협본점 (055-641-5361)

포로수용소 터 | 곡룡포

090 비진도

산호빛 섬에서의 보배로운 여행

비진도해변

비진도는 이순신 장군이 왜적과 싸움에서 승리한 후, 보배로운 섬이라는 뜻으로 붙인 이름이다. 하지만 풍광이 수려하고 해산물이 풍부해 비진도라 불리게 되었다는 이야기도 반박하기 어렵다. 그만큼 가진 것이 많은 섬이기 때문이다.
비진도는 안섬과 바깥섬이 길이 300m의 사주로 연결되어 흡사 모래시계와 같은 모습을 하고 있으며 내항과 외항 두 개의 마을에 200명이 안 되는 주민이 산다.
통영에서 출발한 여객선이 먼저 기항하는 내항은 평범한 어촌 마을이다. 산 아래 경사지의 좁은 골목을 따라 가옥과 밭이 어깨를 기대고 섰고 그 끝에는 2012년 폐교된 한산초등학교 비진분교장이 빈 운동장과 낡은 교사를 품은 채 자리를 지키고 있다.
외항마을과 해수욕장이 있는 내항마을은 1.5km 정도 떨어져 있다. 마을 사이의 길은 섬 허리를 따라 놓여있으며 까꾸막이라 불리는 고개 하나만 넘으면 큰 무리가 없이 오갈 수 있다. 외항마을의 여름은 휴양지의 정취가 물씬하다. 화사한 지붕 색을 가진 가옥 사이사이 그리고 해변을 따라 펜션이 늘어서고, 간이식당들도 목 좋은 자리를 차지하고 앉았다.
비진도해변은 해수욕장으로는 폭이 좁고 모래질도 좋은 편이 아니다. 하지만 그 대신 바닷물이 투명하고 그 색이 매우 고우며 해변 양면으로 한쪽 면에는 몽돌, 또 다른 면에는 백사장이 펼쳐져 뛰어난 자연미를 자랑한다. 내로라하는 해수욕장이 없는 통영 섬에서는 귀한 해변으로 사랑을 받고 있다.
비진도 여행은 여름과 그 밖의 계절로 나뉜다. 푸르름을 지닌 섬의 여름이 피서객들의 차지라면 바람이 선선해진 후의 시간은 트레커들의 몫이다. 한려해상 국립공원 바다백리길 중 아름답기로 손꼽히는 3코스 산호길이 비진도의 바깥 섬을 타고 흐른다.

외항 해변

TRAFFIC

통영항여객선터미널 → 비진도 내항

- 평일 3회, 주말 5회 운항 | 40분 소요

통영항여객선터미널 → 비진도 외항

- 평일 3회, 주말 5회 운항 | 45분 소요

PHOTO SPOTS

미인도 전망대

비진도는 안섬과 바깥섬이 마치 여인의 가슴을 닮았다 해서 미인도라고도 불린다. 선유봉 전망대에서 내려와 흔들바위를 지나고 산호길이 막바지에 이르렀을 즈음 미인도 전망대가 나타난다. 이곳에서는 비진도해변과 안섬은 물론 그 너머 학림도, 미륵도, 한산도, 용초도, 추봉도 등 통영의 섬 무리가 수평선을 따라 겹으로 집결해있는 모습을 조망, 촬영할 수 있다.

비진도해변

남북으로 길게 놓여있는 비진도해변의 위치적 특성으로 인해 한 곳에서 일출 일몰의 장관을 번갈아 감상할 수 있다. 그리고 외항선착장에서 해변을 바라보면 가느다란 모래톱이 바다에 떠 있는 듯한 느낌이 든다. 해변 위로 사람들이 오갈 때 촬영하면 더욱 절묘한 사진을 얻을 수 있다.

PLACE TO VISIT

팔손이나무 자생지

두릅나무과에 상록수로 큼지막한 잎이 7~9가닥으로 갈라져 손바닥과 비슷한 모양을 하고 있다. 비진도는 팔손이나무는 위도상 가장 북쪽에 자생하고 있어 1962년 천연기념물 제63호로 지정되었다. 하지만 현재는 내항에서 외항으로 이어진 도로 500m 지점 산 쪽 방향으로 어렵사리 관찰된다. (동백나무 등에 묻혀 있으니 찬찬히 살펴봐야 한다.)

갈치바위 (설핑이치)

산호길을 시계 반대 방향으로 걷다 보면 비진암을 지나고 섬 모퉁이를 돌아설 무렵 바다를 향해 솟은 절벽 하나가 등장한다. 태풍이 불 때 파도가 넘나들면서 바위 위 소나무에 갈치들이 걸렸다 해서 '갈치바위'란 이름이 붙여졌다. 또한, 지형이 설피다(투박하고 거침)는 뜻으로 '설핑이치'라 부르기도 했다. ('치'는 해안 모퉁이를 일컫는 순우리말이다.)

노루강정 전망대

오래전 섬사람들은 노루를 쫓아 이곳 벼랑 아래로 떨어뜨려 잡았다. 강정이란 말은 해안의 바위 벼랑을 일컫는 말이다. 노루강정 전망대에서는 거칠고 드센 해안 비경과 바다 풍광을 한꺼번에 느껴볼 수 있다. 비진도에는 이밖에도 거시이(지렁이)강정, 깨강정, 비둘기강정, 수달피강정 등 정겨운 지명들이 많다.

비진 분교

ACTIVITY

트레킹

비진도 산호길 (4.8km | 3시간)

비진도 산호길은 국립공원 비진도 탐방분소를 들머리로 바깥 섬의 허리를 타고 312m의 선유봉을 돌아 내려오는 섬 산행 코스다. 가파른 시계 방향보다는 비교적 완만한 시계 반대 방향으로 트레킹하는 것이 좋다.

- 탐방분소 들머리-동백나무군락지-비진암-갈치바위-노루강정전망대-선유봉전망대-흔들바위-미인도전망대-망부석전망대-탐방분소

캠핑

과거에는 비진도해변 뒤편 솔밭에서도 캠핑할 수 있었으나 현재는 주민들에 의해 엄격히 통제되고 있다. 현재 비진도에서 유일하게 텐트를 칠 수 있는 곳은 내항마을 폐교 운동장이다. 이 경우 내항마을 이장에게 먼저 연락하고, 화장실 등의 사용을 협조받는 것이 좋다.

외항 대합실 | 외항선착장
내항마을

FOOD

외항마을에 3~4곳의 식당이 있지만, 주로 여름철 성수기와 주말을 중심으로 운영된다. 내항마을에는 과거 제주 출신의 출향 해녀들이 많이 살았다. 현재도 주변 해역에 해산물이 풍부해 만족스러운 민박 밥상을 경험할 수 있다. 슈퍼는 내항마을에 1곳, 외항마을에 2곳이 있다.

- 비진식당 : 해물뚝배기 (생방송투데이 2100회)

STAY

내항마을에 5곳, 외항마을에 23곳의 펜션 및 민박이 있다. 비수기 평일에는 문을 닫는 곳이 많으니 예약을 필수다.

REFERENCE SITE & PHONE NUMBER

주요 기관 & 여행 안내

- 내항마을 이장 (추형운 010-3566-9726)
- 내항마을 마을회관 (055-641-4848)
- 외항마을 이장 (김규현 010-9735-6666)
- 외항마을 어촌계장 (황원남 010-3845-9705)

교통

- 한솔해운 (hshaewoon.kr | 1661-8253, 055-645-3717)

식사 및 숙박

- 해동회맛집 (0507-1404-9687)
- 비진식당 (055-645-3539)
- 바다이야기펜션 (www.bijindobada.co.kr | 055-642-6171)
- 비진도선유봉펜션 (www.bijindosunyubong.co.kr | 010-9735-6666)
- 솔비치펜션 (www.bjsolbeach.com | 0507-1348-6023)
- 더씨펜션 (www.theseapension.com | 010-5851-3355)
- 비진도해맞이펜션 (www.bijindo.com | 0507-1355-0850)
- 비진도에머물다 (blog.naver.com/junbumgo | 010-9338-3554)
- 비진도산호민박 (bijindo.cafe24.com | 010-3569-9697)
- 그리운자리 (010-5660-5337)
- 인생별곡펜션민박 (내항 | 0507-1420-2528)
- 범이네집 (내항 | 0507-1312-7869)
- 빨간등대 (내항 | 0507-1441-2347)
- 비진노을섬민박 (내항 | blog.naver.com/inbijindo | 010-8643-9731)
- 용화민박 (yonghwahomeservice.modoo.at | 0507-1313-1021)

팔손이나무

갈치바위

노루강정

091 매물도

내 인생의 섬 캠핑

장군봉

매물도로 가는 여객선은 통영여객선터미널과 거제 저구항 두 곳에서 출발한다. 소요시간은 저구항이 30분으로 세 배 정도 빠르다.
대매물도는 소매물도와 함께 한려해상 국립공원 거제지구의 제일 남단에 있는 섬이다. 일반적으로 매물도라 불리는 이 섬은 이웃한 소매물도의 명성에 다소 저평가된 부분이 있었다. 하지만 트레킹 코스 '해품길'과 야영장이 알려지면서 점차 통영 섬 여행의 주연급으로 부상하게 되었다. 매물도에는 두 개의 마을이 있다. 당금마을에는 자연, 문화, 역사 그리고 예술이 녹아 있다. 골목길 곳곳에는 공공예술작품들이, 집마다 주인의 삶을 기록해놓은 문패가 걸려있다. 마을 주민들이 저마다 스토리텔링의 주인공이다. 한산초등학교 매물도분교는 1963년 섬 주민들에 의해 세워졌다. 척박한 환경 속에서도 교육열이 있었던 주민들은 섬에서 가장 편평한 당금마을의 땅을 아이들을 위해 사용했다. 학교는 2005년에 결국 폐교되었고 마을 소유의 학교 터는 한동안 민박으로 이용되다가 몇 년 전부터 야영장으로 운영되고 있다
대항마을은 매물도의 또 하나의 마을이다. 물론 여객선은 이곳에도 기항한다. 당금마을에 비해 민박이 많아 낚시꾼들이 주로 묵어간다.
해품길은 한려해상 바다백리길의 다섯 번째 매물도 코스의 공식 명칭이다. 양마을을 시작점으로 하는 순환 코스로 난이도가 적당하며 특히 들꽃들이 어우러진 갈맷빛 능선 옆으로는 광활한 하늘, 바다가 열려있어 탄성을 자아내게 한다.
매물도 여행은 소매물도와 연계해서 이어가도 좋다. 첫배로 들어가 소매물도를 탐방하고 다음 배를 타고 매물도로 건너와 캠핑과 트레킹을 즐길 수도 있고, 첫날 매물도에서 캠핑한 후 다음날 소매물도의 물때에 맞춰 이동하는 방법도 있다.

매물도야영장 일출

TRAFFIC

여객선

통영항여객선터미널 → 매물도 당금선착장

- 하루 3회 운항 | 1시간 15분 소요

통영항여객선터미널 → 매물도 대항선착장

- 하루 3회 운항 | 1시간 20분 소요

거제 저구항 → 매물도 당금, 대항선착장

- 하루 4회 운항 | 30분~35분 소요
- 선사 사정으로 2024년 1월 현재 휴업 중

PHOTO SPOTS

매물도 야영장

짙푸른 남해 바다를 전면에 펼쳐둔 야영장은 일출 명소이자 몇 걸음만 옮겨 마을로 나가면 일몰까지 감상할 수 있는 기발한 입지를 자랑한다. 또한, 당금마을을 시작점으로 해품길을 따라 조금만 오르면 분지에 자리한 야영장과 텐트들의 자연미 넘치는 모습을 촬영할 수 있다.

소지도 일몰

당금마을과 대항마을 사이에는 섬 허리를 타고 조붓한 오솔길이 놓여있다. 오솔길 초입의 나지막한 고갯마루는 최고의 일몰 촬영 포인트다. 매물도의 하루해는 광활한 바다에 외로이 떠 있는 작은 섬 너머로 저무는데, 그 섬이 바로 TV 광고에 자주 등장하는 소지도다.

PLACE TO VISIT

어유도

당금마을 앞의 무인도 어유도는 '어리섬'이라고도 부른다. 이곳은 유달리 고기떼들이 많이 몰려들어 바닷물이 말라버렸다는 이야기가 전해올 정도로 유명한 낚시 포인트다. 이 때문에 야영객 중 일부는 낚싯대를 가지고 와서 아예 식량을 자급자족하기도 한다

꼬돌개

200년 전 사람들이 매물도에 입도해서 최초로 정착한 곳은 서쪽 해안의 꼬돌개였다. 초기 정착민들은 2년에 걸친 흉년과 전염병으로 모두가 사망했는데 이후 사람들이 꼬돌아졌다(꼬꾸라졌다)는 의미로 그곳의 이름을 꼬돌개라 불렀다. 꼬돌개의 애절한 이야기는 곳곳에 남겨진 돌담과 집터에서 흔적으로 읽힌다.

공공미술 프로젝트

매물도의 선착장, 야영장, 장군봉을 비롯해 마을 골목과 고갯길 등에는 크고 작은 조형물들이 설치되어있다. 2007년 전라남도의 '가고싶은섬'에 선정되어 벌어졌던 공공예술작업의 결과물이다. 작품 대부분은 섬 고유의 자원을 이용해 주민들의 문화와 삶을 표현하였다. 당금마을 물양장에 설치된 '바다를 품은 여인', 야영장 내 '추억이 쌓이는 고원' 등이 대표적 작품이다.

바다를 품은 여인

ACTIVITY

트레킹

매물도 해품길 (5.2km | 3시간 40분)
당금마을이나 대항마을에서 시작된 해품길은 장군봉과 꼬돌개를 거치고 서로 다른 마을을 지나 시작점으로 돌아오는 순환 코스다. 탁 트인 능선 코스와 오솔길을 고루 지나고 장군봉 전망대에서는 소매물도와 등대섬의 모습도 만날 수 있다.

- 당금선착장-발전소-야영장-장군봉-대항둘레길-대항마을-당금선착장
- 대항선착장-꼬돌개-대항둘레길-장군봉-쉼터-당금마을길-대항선착장

캠핑

당금마을 매물도야영장은 백패커라면 누구나 꿈꾸는 섬 캠핑의 메카로 인정받고 있다. 알파인 기준 최대 30동의 텐트가 들어갈 수 있는 규모며 예약은 받지 않고 선착순으로 운영된다. 따라서 주말 캠핑을 위해서는 통영에서 출발하는 6시 50분 첫배를 이용하는 것이 좋다.

야영장 앞 해변

FOOD

매물도에는 식당이 없다. 하지만 당금구판장에서 생선회 등을 주문받아 판매하며 야영장까지 배달도 해준다. 민박집에서도 해산물을 추가 주문해 기본 밥상에 곁들일 수 있다.

STAY

당금마을에 6곳, 대항마을에 12곳의 숙박시설이 있다. 대부분 펜션형식에 규모가 큰 편이 아니지만, 정감 있고 친절하다. 또한, 서쪽 바다를 향하고 있어 숙소에서 노을을 감상할 수 있다.

REFERENCE SITE & PHONE NUMBER

주요 기관 & 여행 안내

- 매물도 (www.tongyeong.go.kr/maemuldo.web)
- 당금구판장 (박성진 010-8544-8324)

숙박

- 섬예술가의집 (010-2063-9350, 010-4847-9696)
- 바다마당을가진집 (055-641-2088)
- 매물도다이빙리조트 (www.maemuldo.com | 055-643-7453)
- 해품길펜션 (055-645-8521)
- 매물도당금펜션 (010-9394-3858)
- 매물도펜션 (www.maemuldo.co.kr | 010-8854-4783)
- 매물도하나펜션 (www.매물도하나펜션.kr | 010-8558-4224)
- 길목펜션 (010-3004-6753)
- 해누리펜션 (www.매물도해누리펜션.kr | 070-8841-2603)
- 머물수록펜션 (010-9397-0706)

당금마을 선착장 | 어유도

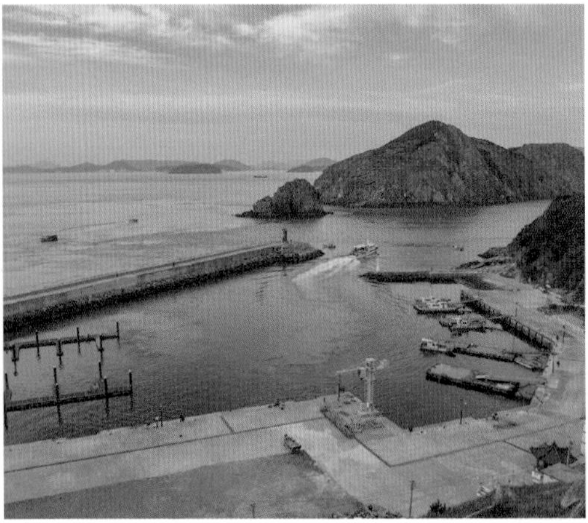

092 소매물도

환상의 등대길, 쿠크다스 섬

등대섬

소매물도는 매물도 서남쪽에 있으며 면적 0.51km², 해안선 길이 3.8km의 아주 작은 섬이다. 매물도와의 거리는 550m에 불과해 높은 곳에 오르면 서로의 모습이 오롯이 내려다보인다.
소매물도는 우리나라 사람들이 가장 사랑하는 섬 중 하나다. 코발트색의 청명한 바다를 배경으로 우뚝 솟은 섬의 자태가 수려하고, 해안을 둘러싼 해식지형이 진경을 이루기 때문이다. 하지만 무엇보다 소매물도를 빛나게 하는 것은 등대섬의 존재다.
1980년대 TV 광고에 등장하면서 쿠크다스섬으로 이름을 날린 작은 무인도는 본디 해금도로 불렸다. 2000년 특정도서(멸종위기 또는 보호 야생동식물종이 서식하거나 지형적, 경관적 가치 및 식생이 우수한 무인도를 대상으로 정부가 지정 고시 후 관리하는 지역)에 지정된 이후 국립지리원이 등대섬으로 명칭을 변경했다.
썰물이 되면 소매물도와 등대섬 사이에 열목개라 부르는 80m의 몽돌 길이 열린다. 통행이 허용되는 2~5시간(조수간만의 차이에 따라 다름) 동안 탐방객들은 등대섬으로 건너가 하얀 등대와 어우러진 푸른 초원 위에서 목가적 정취를 만끽하게 된다.

매물도와 공룡바위

TRAFFIC

여객선

통영항여객선터미널 → 소매물도

- 하루 3회 운항 | 1시간 35분 소요

※ 휴가철, 주말, 공휴일 증편

거제 저구항 → 소매물도

- 하루 4회 운항 | 50분 소요
- 선사 사정으로 2024년 1월 현재 휴업 중

PHOTO SPOTS

망태봉 전망대

높이 152m 망태봉은 소매물도의 가장 높은 봉우리다. 이곳 전망대에 서면 소매물도의 해안 자락과 등대섬의 온전한 자태를 동시에 촬영할 수 있다. 그 때문에 탐방객이라면 반드시 거쳐 가는 장소다. 또한, 시야에 막힘이 없어 날씨가 좋을 때는 주변 무인도와 거제 망산은 물론 일본의 대마도까지 조망된다.

공룡바위 전망대

공룡바위 전망대는 소매물도가 품은 기막힌 절경을 파노라마처럼 펼쳐볼 수 있는 또 하나의 포토존이다. 이곳에서는 바다 위로 치솟은 공룡바위의 담대함과 매물도 장군봉 그리고 등대섬 암릉의 힘찬 모습을 두루 감상하고 또 사진에 담을 수 있다.

PLACE TO VISIT

소매물도등대

1917년 세워진 소매물도등대는 100년 이상 불을 밝히며 남해안의 길잡이 역할을 해왔다. 최초에는 무인 등대였으나 1940년 이후 유인 등대로 전환되었다. 등대는 높이 16m의 고풍스러운 백색의 원형 등탑을 가지고 있으며 초지와 해안절벽으로 둘러싸인 등대섬의 주변환경과 어우러져 빼어난 경관을 자랑한다. 이런 이유로 등대섬은 2006년 국가명승 18호로 지정되었다.

글썽이굴

등대섬의 해안은 기암괴석과 깎아지른 절벽이 요새처럼 이어져 남해안 비경 중 으뜸으로 손꼽힌다. 특히 글썽이굴은 진시황의 명으로 불로초를 구하러 온 서불이 '서불과차'란 글을 새겼다는 전설이 있는 곳이다. 세 개의 바위가 머리를 맞대고 서로 기댄 사이로 생겨난 2개의 굴은 바다에서만 볼 수 있으며 그중 하나는 보트를 타고 통과할 정도로 크다.

매물도관세역사관

망태봉 정상에 있으며 70~80년대 남해안 일대의 밀수 선박을 감시하던 초소다. 감시초소는 80년대 첨단시스템을 가진 감시정이 해상에 투입되면서 1987년 폐쇄되었다. 현재는 매물도관세역사관으로 당시의 모습과 자료를 관람객들에게 전시하고 있다.

매물도관세역사관 | 등대길 탐방로

ACTIVITY

트레킹

바다백리길 소매물도등대길 (4.2km | 2시간)

남녀노소 누구나 편안하게 걸을 수 있다. 소매물도의 해안을 크게 돌아 등대를 살펴보고 망태봉에서 선착장으로 바로 내려가는 코스가 가장 일반적이다.

- 선착장-남매바위-전망대-가익도전망대-소매물도 분교-망태봉(관세역사관)-공룡바위전망대-열목개-소매물도등대-열목개-소매물도선착장

캠핑

소매물도에서의 캠핑은 금지돼있다.

보트투어

30분 기준 15,000원이며 4명이 채워져야 출발한다. 글썽이굴 등 소매물도와 등대섬의 해안 비경을 바다에서 체험할 수 있다.

글씽이굴

망태봉에서 바라본 등대섬

해물 포장마차

보트투어

FOOD

선착장을 중심으로 포장마차와 식당들이 있다. 해산물을 안주로 술 한잔 또는 간단한 식사도 할 수 있다. 값이 다소 비싼 편이지만 등대식당의 멍게비빔밥과 토박이 식당의 성게해초밥은 맛이 괜찮다.

- 등대식당 : 멍게비빔밥 (2TV생생정보 28회)

STAY

작은 섬이지만 10곳에 가까운 펜션과 민박이 있다. 펜션의 경우 2인 기준 주중 8~12만 원, 주말 10~14만 원 수준이다.

REFERENCE SITE & PHONE NUMBER

주요 기관 & 여행 안내

- 거제도팡팡예약 (소매물도 인터넷예약 | maemuldopang.com)
- 소매물도 홈페이지 (www.somaemuldo.kr)

투어

- 소매물도리조트 (선상낚시, 스킨스투버, 보트투어 예약 | 소매물도리조트.com)
- 소매물도보트투어 (010-6451-7704)

음식 및 숙박

- 쿠크다스펜션 (www.쿠크다스펜션.kr | 010-8900-6886)
- 다솔펜트하우스 (www.somaemuldo.com | 055-642-2916)
- 소매물도펜션 (tysea.com/smmd/ | 055-644-5377)
- 등대식당 (055-644-5377)
- 토박이음식점 (010-3515-0447)
- 카페바담다방 (055-645-0684)

상어굴

093 지심도

꽃피는 동백섬에서 봄, 여름, 가을, 겨울

해맞이 전망대

지심도는 거제도 동쪽 해안에 인접해있는 작은 섬이다. 장승포항에서 도선으로 15분이면 닿을 수 있다. 일제강점기에 일본군은 주민들을 강제 이주시키고 섬을 전략적 기지로 이용하였다. 해방 후 지심도의 소유권은 국방부로 전환되었다가, 2017년 거제시가 그것을 사들였다.

지심도는 동백의 섬으로 불린다. 오랫동안 외지인으로부터 단절돼있던 탓에 지심도의 동백숲은 원시림을 방불케 한다. 동백꽃은 12월부터 이듬해 4월까지 피고 지고를 반복하는데, 빼곡히 들어찬 동백의 축제를 보기 위한 탐방객의 발걸음이 끝없이 이어진다.

아이러니하게도 지심도의 진정한 매력은 동백이 지고 난 후에 한층 더 드러난다. 동백에 쏠려있던 시선을 거두어들이니 곳곳의 아름다움이 비로소 보이게 되고 인파가 사라지니 여백도 느껴진다. 지심도에는 초록초록한 숲길, 야생화 군락, 가파른 해안절벽과 맑고 푸른 남해 바다, 그리고 역사의 흔적들이 존재한다.

지심도는 당일 여행에 특화된 섬이다. 하지만 천천히 걸으며 자연을 음미한 후 고요한 섬 밤에 잠겨보는 것도 각별한 추억이 될 것이다.

TRAFFIC

여객선

장승포항 지심도터미널 → 지심도

- 하루 5회 운항 | 15분 소요

※ 08:30, 10:30, 12:30, 14:30, 16:30(숙박자만 이용) 출항

※ 성수기(2월~3월) 증편

PLACE TO VISIT

일본군 포진지

지심도에는 일제강점기 일본군의 기지로 사용되던 흔적이 남아있다. 그중 포진지와 탄약고는 견고하게 만들어져 지금도 원형을 유지하고 있다. 지심도 포대의 주요 임무는 대한해협의 경계 및 함선 엄호였으며 일제 말 미공군과 치열한 전투를 벌였던 것으로 전해진다.
현재 탄약고는 섬의 역사관으로 이용되고 있다.

해맞이 전망대

섬의 정상부에는 편평한 들판이 있다. 오래전 일본군 활주로로 사용됐던 곳이다. 봄이면 이곳에는 하얀 토끼풀꽃이 가득 피어난다. 지세포항 방향으로는 두 손을 마주하고 하트모양을 그려내는 포토존과 그네가 설치돼있다. 코스를 걷는 도중 가장 오래 머물게 되는 곳이다.

곰솔할배

곰솔할배는 수령이 3~400년 되었으며 섬에서 가장 오래된 나무로 알려졌다. 섬을 지켜주는 수호목으로 하나의 굵은 몸통이 두 개로 갈라진 채 위로 자라나 물구나무를 선 것 같은 모습을 하고 있다. 부근에 곰솔할매 나무도 있다.

PHOTO SPOTS

동백터널

지심도 수목의 60%는 동백나무다. 섬길 곳곳에는 수령 100년의 동백나무가 뒤엉켜 만들어낸 동백터널이 있다. 특히 3월이면 동백이 만개한 꽃봉오리를 바닥에 떨구기 시작하며 절정의 아름다움을 과시한다. 동백숲 터널 안에는 매우 어두워서 선명한 사진을 얻기가 힘들다. 터널 입구에서 촬영하거나 낙화의 느낌을 살려보는 것도 좋은 방법이다.

마끝

지심도에서는 섬의 양 끝을 마끝과 새끝이라 부른다. 새끝은 섬의 북쪽끝, 마끝은 섬의 남쪽 끝에 있는 해안절벽이다. 마끝에는 벤치와 전망대가 설치돼있는데 단체샷을 찍기에 적당하다. 또한 개인샷은 하늘을 향해 불쑥 솟아있는 전망대의 해송이나 숲을 머리에 이고 바다로 떨어진 절벽의 경사면을 배경으로 해도 좋다.

마끝

마끝 해안

ACTIVITY

트레킹

지심도 둘레길 (4km | 2시간)

다음 배와의 운항 간격은 2시간이다. 하지만 섬을 천천히 돌아보며 사진을 찍다 보면 두 시간이 부족할 수도 있다. 코스 중간에 커피나 식사를 할 때는 더욱 촉박해진다.
머무는 시간을 여유있게 계획하는 것이 바람직하다.

- 선착장-동백하우스-마끝-운동장-국방과학연구소-포진지-탄약고-해맞이전망대-곰솔할배-방향지시석-해안선전망대-망루-일본군관사-동백꽃길-선착장

FOOD

섬 내의 식당에서 막걸리에 파전 혹은 해산물과 생선회를 즐길 수 있다.

STAY

10곳의 펜션, 민박이 있다.

REFERENCE SITE & PHONE NUMBER

주요 기관 & 여행 안내

- 지심도홈페이지 (배편예약, 숙박정보 | jisimdoro.com)

교통

- 장승포 지심도터미널 (0507-1444-6007)

음식 및 숙박

- 동백하우스(펜션) (010-3859-7576)
- 섬마을바다풍경 (010-8592-7672)
- 웰빙하우스 (010-2662-1375)
- 지심도여행민박 (010-8719-4200)
- 동박새민박 (010-2053-2906)
- 등마무민박 (055-681-7242)
- 황토민박 (www.jisimdo.co.kr | 010-4722-0323)
- 해돋이민박 (010-9664-7180)
- 전망좋은집 (010-3569-8685)

일본군 포진지 | 일본군 포진지

일본군 관사 | 동백 | 숲 터널

인어상 | 곰솔할배

경북

울릉도

094 울릉도

두고 두고 찾아갈 평생의 여행지

태하전망대에서 바라본 북면 해안

2019년 내수전에서 섬목까지의 4.4km 구간이 개통되면서 울릉도의 순환일주도로(44.5km)가 비로소 완성되었다. 과거 도동에서 천부까지 가려면 차량으로 1시간을 꼬박 달려야 했지만, 이제는 두 곳 사이가 불과 10분이면 닿을 수 있는 지척이 된 것이다.
울릉도는 연 60만 명의 탐방객이 찾아가는 우리나라의 대표적 관광 섬이다. 또한, 제주도를 제외하고는 다리가 놓이지 않은 가장 큰 섬이기도 하다. 천혜의 자연경관과 순수한 문화 그리고 특별한 먹거리가 있는 울릉도는 남녀노소 누구의 여행 욕구도 충족시켜줄 수 있는 섬이다.
과거 울릉도는 쾌속선을 타고 3시간 이상을 달려야 갈수 있는 섬이었다. 그로 인해 날씨라도 안 좋으면 며칠씩 갇히기 십상이었다. 그러나 후포와 포항에서 크루즈급 대형 여객선이 취항한 이후로는 차량선적도 가능해졌으며 훨씬 편하고 안전한 여행을 할 수 있게 되었다.
울릉도는 울릉읍, 서면, 북면의 세 개 구역으로 나뉜다. 울릉읍은 섬의 관문인 도동 그리고 저동, 사동을 비롯해 행남해안산책로, 내수전 전망대, 봉래폭포 등을 포함하고 서면에는 통구미, 학포마을, 태하 전망대, 대풍감해안절벽 등이, 북면에는 나리분지, 삼선암, 송곳봉, 석포 전망대, 관음도가 있다. 사실 울릉도와의 첫 만남에서 명소들을 빠짐없이 탐방하는 일은 어렵다. 화수분처럼 쏟아지는 볼거리와 또 계절마다 변화하는 섬의 모습은 감당조차 할 수 없을 정도로 벅차다. 그 때문에 울릉도는 차근차근 알아가는 평생의 여행지로 삼는 것이 좋다.

TRAFFIC

여객선

포항 → 울릉(사동)

- 엘도라도 익스프레스호 : 하루 1회, 10:20 출항 | 2시간 50분 소요

포항 영일만 → 울릉(사동)

- 뉴씨다오펄호 : 하루 1회, 12:30 출항 | 6시간 30분 소요

울진 후포 → 울릉(사동)

- 울릉썬플라워크루즈호 : 하루 1회, 08:15 출항 | 4시간 30분 소요

동해 묵호 → 울릉(도동)

- 씨스타1호 : 하루 1회, 08:00 출항 | 2시간 40분 소요

※ 동절기 결항

강릉 → 울릉(저동)

- 씨스타5호 : 하루 1회, 08:00 출항 | 3시간 소요

※ 동절기 결항

울릉버스

- 버스 1노선 : 도동사동방면섬일주노선(8회)

도동출발 → 사동항 → 남양 → 태하 → 현포 → 천부 → 관음도 → 저동약국 → 도동도착

- 버스 11노선 : 천부저동방면섬일주노선(8회)

천부 출발 → 관음도 → 저동약국 → 도동 → 사동항 → 남양 → 태하 → 현포 → 천부도착

- 버스 2노선 : 도동저동방면섬일주노선(7회)

도동출발 → 저동여객선터미널 → 관음도 → 천부 → 현포 → 태하 → 남양 → 사동항 → 도동도착

- 버스 22노선 : 천부태하방면섬일주노선(7회)

천부 출발 → 현포 → 태하 → 남양 → 사동항 → 도동 → 저동여객 선터미널 → 관음도 → 천부 도착

- 버스 3노선 : 봉래폭포(15회)

도동 ↔ 저동 ↔ 봉래폭포

- 버스 4노선 : 천부 ↔ 나리분지(11회)

천부(출발) → 나리(도착), 나리(출발) → 천부(도착)

- 버스 5노선(8회)

천부 ↔ 석포

태하등대

해안도로

PHOTO SPOTS

내수전 전망대
내수전의 유래는 이곳에서 화전을 일구고 살았던 '김내수'라는 사람의 이름에서 따왔다고 전해진다. 내수전 전망대에서는 관음도는 물론 죽도가 큼지막하게 내려다보이고 저동항의 풍경과 촛대바위의 모습까지 조망된다. 특히 전망대에서 바라보는 해돋이가 아름다워 내수전 일출 전망대로도 불린다.

석포 전망대
석포 전망대는 러일전쟁 당시 일본군이 러시아 군함을 관측하기 위해 만든 망루였다. 전망대에서는 삼선암, 관음도, 죽도의 모습과 북면의 해안절경 그리고 울릉도를 둘러싼 짙푸른 바다가 시원하게 펼쳐진다. 포토존이 마련돼있으며 한곳에서 일출, 일몰 모두를 볼 수 있는 명소로 알려져 있다.

나리분지 전망대
울릉도는 우리나라에서 가장 눈이 많이 내리는 곳이다. 특히 해발 500m 전후의 높은 봉우리들이 병풍처럼 둘러있는 나리분지에서는 고스란히 쌓여 사람의 키 높이를 훌쩍 넘기기도 한다. 나리동 입구에 세워진 나리분지 전망대는 송곳산, 미륵산, 형제봉에 둘러싸인 알봉과 나리분지의 눈 덮인 경관을 가장 확실하게 관측할 수 있는 곳이다.

태하향목 전망대
태하향목 전망대에서는 우리나라 10대 비경으로 꼽힌다는 대풍감과 송곳산까지 이어지는 울릉도의 북부해안을 번갈아 조망할 수 있다. 특히 하얀 파도가 짙푸른 바다를 치고 솟아 대풍감 절벽을 타고 오르는 장면은 보는 이들을 아찔하게 만든다. 전망대까지는 모노레일을 타고 올라 10분가량 걸어 들어가야 하며 부근에는 태하등대가 있다.

울릉도의 겨울

내수전 전망대에서 바라본 저동

PLACE TO VISIT

삼선암
코끼리바위, 관음도의 쌍굴과 함께 울릉도 3대 비경으로 꼽히는 삼선암은 죽암몽돌해변을 지나 관음도로 가는 천부리 해안가에 솟아있다. 삼선암은 강한 파도에 의해 일부가 침식되어 본섬과 떨어진 일종의 시 스택이다. 통구미와 더불어 여름철 다이빙과 카약 스노클링을 즐길 수 있는 레포츠 명소로 각광받고 있다.

태하산책로
서면의 태하리는 육지에서 처음으로 사람이 건너와 살기 시작했던 지역이다. 태하산책로는 황토구미에서 가재굴까지 해안가 거친 바위의 경사면을 타고 지그재그로 놓였다.
산책로를 걷다 보면 벌집 모양의 타포니를 볼 수 있으며 비록 데크로 이어진 길이지만 연신 불어오는 거센 바람 때문에 제법 스릴도 느껴진다.

통구미
거북 모양의 바위가 마을을 향해 기어들어 오는 모양새를 띠고 있다 해서 붙여진 이름이다.
바위는 위치에 따라 6~9마리의 거북이로 변신한다. 통구미 주변의 바닷가는 해양보호구역으로 지정되어있다. 또한 통구미터널은 울릉도에서만 볼 수 있는 1차선 터널로 신호등의 표시에 따라 차량이 멈춰서고 또 진행한다.

죽도
죽도는 울릉도에 딸린 섬 중에서 가장 크며 본섬에서는 2km 떨어져 있다. 섬 내에 대나무의 일종인 조릿대가 자생하고 있어 댓섬으로도 불렸다. 현재 섬 내에는 한 가구만이 살고 있으며 비정기유람선이 여름 한 철 운행한다.

관음도
관음도까지는 2012년 개통된 길이 140m의 보행 연도교가 이어져 있다. 관음도는 사람이 살지 않는 무인도로 깍새가 많이 서식해 깍섬으로도 불린다. 사람의 손길이 타지 않은 후박나무, 곰솔, 동백나무 군락이 고스란히 보존되고 현무암으로 이뤄진 기암괴석이 섬을 두르고 있는 빼어난 경관을 자랑한다. 탐방로가 조성돼있어 누구라도 건너와 관음도의 때 묻지 않은 풍광을 만끽할 수 있다.

태하산책로

송곳산

삼선암

ACTIVITY

트레킹

깃대봉트레킹 (7km | 4시간)

- 나리분지-알봉-깃대봉-울릉천국

내수전 → 석포길 (3.8km | 2시간)

- 내수입구-내수전전망대-정매화곡쉼터-안용복기념관-석포전망대

향목령 옛길 트레킹 (4km | 2시간)

- 현포-향목령-대풍감-태하

행남해안길 (2.8km | 1시간 40분)

- 도동여객선터미널-행남등대-해안산책로-촛대암

알봉둘레길 (6km | 2시간 30분)

- 나리동 너와집-관리사무소-용출소-전망데크-투막집-나리동 너와집

등산

대원사 코스 (6시간)

도동-대원사-팔각정-성인봉-신령수-나리분지-천부

KBS중계소 코스 (6시간)

도동-KBS중계소-팔각정-성인봉-신령수-나리분지-천부

안평전 코스 (5시간 20분)

안평전(사동)-바람등대-성인봉-신령수-나리분지-천부

캠핑

울릉도에는 정식 야영장이 두 곳이 있다. 구암에 있는 국민여가캠핑장과 2017년에 조성된 학포야영장이다. 국민여가캠핑장에는 캠핑테크 7개소 외에 생활관 1동, 방갈로 2동, 카라반 2대 가 들어서 있으며 일주도로를 사이에 두고 바다와 마주하고 있어 가족 단위로 이용하기에 적당하다. 학포야영장은 10개의 비정형 데크와 의자가 달린 목제 테이블로 구성되어있다. 비교적 작은 규모지만 학포마을의 바다가 직접 조망되는 등 주변 환경이나 시설이 탁월하여 백패커들에게 사랑을 받고 있다. 또한 최근에는 남서야영장이 오픈, 시범 운영 중이다.

깃대봉 트레킹

저동

도동

FOOD

육지에서는 결코 먹을 수 없는 울릉도만의 먹거리가 즐비하다. 꽁치물회, 오징어내장탕, 독도새우, 따개비밥, 홍합밥, 약소구이 등이 그것이다. 정애식당과 만광식당의 꽁치물회, 명가식당 두꺼비식당의 따개비밥, 천금수산의 독도새우, 신비섬식당의 물회, 약소구이의 향우촌과 호랑약소플라자, 산채나물비빔밥의 나리촌식당과 산마을식당, 홍합밥의 보배식당 등이 맛집으로 알려져 있다.

- 올레식당 : 해신탕 (생방송투데이 2333회, VJ특공대 906회)
- 천금수산 : 독도새우 (생방송오늘저녁 1539회, 한국인의밥상 462회, 생방송투데이 2337회, 배틀트립 142회, 6시내고향 6268회), 도화새우/가시배새우(VJ특공대 856회)
- 신비섬식당 : 해계탕 (VJ특공대 856회, VJ특공대 727회, 생방송투데이 1043회, 모닝와이드 5563회), 꽁치물회/해계탕 (생생정보통 647회)
- 태양식당 : 따개비칼국수, 오징어숙회 (배틀트립 142회)
- 두꺼비식당 : 오징어내장탕 (VJ특공대 793회)
- 정애식당 : 홍따밥 (생방송오늘저녁 1539회), 꽁치물회/홍따밥(생방송투데이 2337회)
- 산마을식당 : 산나물 (생방송오늘저녁 649회, 6시내고향 6274회), 명이나물(VJ특공대 856회), 두메부추(기분좋은날 2301회)
- 호랑이약소프라자 : 칡소 (한국인의밥상 462회, 생생정보통 728회)
- 99식당 : 오징어내장탕 생생정보통 804회, 찾아라맛있는TV 599회)
- 나리촌식당 : 16첩 산채정식 (생방송투데이 2333회, 생생정보통 647회), 씨껍데기술 (VJ특공대 906회), 고로쇠/명이나물 (6시내고향 5973회)
- 용궁 : 홍합라면/해산물 (TV생생정보 619회, 생생정보통 733회, 생생정보통 508회)
- 보배식당 : 홍합밥세트(배틀트립 142회)
- 향우촌 : 약소구이 (생생정보통 642회)
- 다애식당 : 홍합밥/오징어내장탕 (생방송투데이 1043회), 따개비밥(생생정보통 503회)
- 만광식당 : 꽁치물회/풍혈 (생생정보 619회)
- 울릉옥천식품 : 호박빵 (생생정보통 804회)
- 보성식육식당 : 약소구이 (생생정보통 804회)
- 돌섬식당 : 따개비밥 (생생정보 576회)

STAY

리조트 4곳, 관광호텔 6곳, 호스텔 11곳, 펜션 35곳, 여관 및 모텔 75곳, 민박 134곳이 등록 운영 중이다. 비교적 숙박시설이 넉넉한 편이지만 성수기에는 방이 모두 차는 경우가 빈번하니 예약을 서둘러야 한다.

국민여가캠핑장

오징어
따개비밥 | 꽁치물회

REFERENCE SITE & PHONE NUMBER

주요 기관 & 여행 안내

- 울릉도문화관광 : (www.ulleung.go.kr/tour)
- 울릉군청 (054-791-2191)

대중교통 및 렌터카

- 울릉도버스 (무릉교통 054-791-7910, 8000)
- 울릉도렌터카 (www.ullengrentcar.co.kr | 010-4220-1881)
- 울릉도오케이렌터카 (www.ok-rent.co.kr | 054-791-0029)
- 독도렌터카 (ulrent.com | 010-6414-2506)
- 명가렌터카 (mgrentcar.com | 054-791-2266)
- 한진렌터카 (www.hjrentcar.com | 054-791-53370
- 울릉택시협동조합 (054-791-4002)
- 개인택시울릉군지부 (054-791-2612)

캠핑 및 숙박

- 국민여가캠핑장 (054-791-6781),
- 학포야영장 (관리인 010- 4046-6055)
- Healing Stay KOSMOS (www.thekosmos.co.kr | 054-791-7788)
- 울릉대아리조트 (www.daearesort.com | 054-791-8800)
- 라페루즈리조트 (www.laperouse.co.kr | 054-791-0114)
- 케렌시아 풀빌라 리조트 (ulleungdoquerenciapoolvilla.co.kr | 054-791-6996)
- 올레펜션 (www.ollehpension.com | 054-791-0099)
- 울릉도풍경채펜션 (www.울릉도펜션.com | 010-4488-0799)
- 울릉도와독도이야기펜션 (www.udstory.com | 010-4922-0505)
- 인앤인펜션 (www.inanin.kr | 054-791-5588)
- 하얀고래펜션 (www.whitegorae.com | 054-791-4171)
- 산새소리펜션 (www.sansaesori.kr | 054-791-7599)
- 휴행복한펜션 (www.휴행복한펜션.com | 054-791-9700)
- 게스트하우스산(sangeha.com | 054-791-0222)
- 울릉도99펜션 (ulleung99.modoo.at | 010-2539-2287)
- 별밤지기와 섬농부 (www.byulsum.com | 010-8331-4741)
- 더함하우스 (thehammhouse.modoo.at | 010-3796-5077)
- 펠리체펜셔 (ulfelice.modoo.at | 010-4814-8880)

대풍감

REFERENCE SITE & PHONE NUMBER

음식

- 올레식당 (010-4630-8813)
- 명가식당 (054-791-9295)
- 천금수산 (054-791-0122)
- 신비섬식당 (054-791-4460)
- 명가펜션 (054-791-0031),
- 추산노을빛펜션 (054-791-0031)
- 뿌리깊은나무 (054-791- 6117)
- 채움민박 (010- 2821-5808)
- 나리분지야영장식당 (054- 791-0773),
- 태양식당 (054-791-5617)
- 두꺼비식당 (054-791-1312)
- 정애식당 (054-791-7488)
- 산마을식당 (054-791-4643)
- 호랑이약소프라자 (054-791-1447)
- 나리촌식당 (054-791- 6082)
- 보배식당 (054-791-2683)
- 다애식당 (054-791-1162)
- 향우촌 (054-791-0686)
- 만광식당 (054-791-6004)
- 울릉옥천식품 (054-791-7714)
- 보성식육식당 (054-791-7736)
- 돌섬식당 (054-791-9052)

관음도

제주

추자도
횡간도
우도
비양도
가파도
마라도

095 추자도

제주와는 다르지만 제주입니다

제주도에는 유인도 8개를 포함하여 79개의 섬이 있다. 그중 절반은 추자군도에 모여있다.
완도군에 속해있던 추자면은 1914년 제주도에 편입되었다. 추자도를 포함 그 뒤를 따랐던 40여 개의 작은 섬들도 제주도 소속이 되었다.
추자로 가려면 완도항과 해남 우수영에서 출발하는 여객선을 이용하는 것이 일반적인 방법이다. 지혜로운 여행객들은 비행기를 타고 제주로 날아가 다시 추자도로 거슬러 오는 여객선에 오르기도 한다. 수도권에 거주하는 사람을 기준으로 보면 오히려 후자가 비용과 시간 면에서 합리적이다.
후포는 상추자 트레킹의 기점이 되는 곳이다. 우천시 비를 피할 수 있는 쉼터는 물론 깨끗한 화장실에 개수대까지 갖춰놓아 캠핑하기에도 적당하다. 후포해변에서 좌측으로 멀지 않은 곳에는 용듬벙과 나바론언덕이 있고, 우측 길을 따라가면 다무래미를 거치고 봉골레산을 넘어 상추자항에 닿게 된다. 상추자항 주변의 대서리는 추자도에서 가장 번화한 곳이다. 여객선터미널, 여행자센터, 특산물가게, 펜션, 식당, 카페, 편의점 등이 여정을 풍성하게 해준다. 추자도는 제주이면서 제주가 아닌 듯한 문화와 정서가 있다. 주민들의 말투도 제주와 전라도 방언이 혼용된다. 하지만 육지에서 먹을 수 없다는 제주 막걸리를 이곳에선 쉽게 마실 수 있다.
상추자항에서 하추자까지는 1시간마다 한 번씩 버스가 다닌다.
하추자 신양항은 완도와 제주를 잇는 여객선과 화물선의 중간 기착지이다. 신양항에서 모진이해변까지는 도보로 채 10여 분이 되지 않는다. 또한, 모진이해변을 기준으로 동쪽 길은 황경한의 묘와 신대산 전망대를 지나 물빛이 유난히 곱고 맑은 예초리포구에 닿는다.
추자도는 다양한 여행 인프라를 갖춘 섬이다. 낚시, 캠핑, 트레킹, 라이딩 등의 아우팅은 물론이고 펜션을 뒹굴거나 식당을 전전하는 미식 여행도 환영이다.

추자도

TRAFFIC

여객선 (요금은 일반객실 기준)

해남 우수영여객선터미널 → 상추자항

- 쾌속선 : 하루 1회, 14:30 출항 | 1시간 30분 소요

제주항연안여객터미널 → 상추자항

- 쾌속선 : 하루 1회, 09:30 출항 | 1시간 20분 소요

제주항 → 상추자항

- 페리호 : 하루 1회, 16:20 출항 | 45분 소요

진도항 → 상추자항

- 페리호 : 하루 1회, 08:00 출항 | 45분 소요

마을순환버스

- 07:20~20:30, 1시간 간격 운행
- 대서리-영흥리-묵리-신양2리-신양1리-예초리

여행자 센터

PHOTO SPOTS

나바론 하늘길

나바론 절벽이란 영화 '나바론 요새'에서 따온 이름으로 상추자 남서쪽의 거대한 해안절벽을 일컫는 말이다. 추자올레와는 별개로 2.1km의 하늘길이 개통된 후 탐방객들은 깎아지른 절벽 길을 걸으며 그 아찔함을 만끽할 수 있게 되었다. 가파른 철계단을 올라 하늘길 정상에 서면 상추자 대부분의 풍광이 발아래 펼쳐진다.

용둠벙

용둠벙은 하늘길에서 느꼈던 경외감을 다시 달구는 촉진제와 같은 곳이다. 바닷가에서 용이 올라온 터라고 전해지는 기발한 화산지형은 8천 5백만 년 전 추자도와 함께 태어났다. 용둠벙 전망대에 오르면 시퍼런 파도가 거대한 나바론 병풍 절벽을 타오르는 비경을 제대로 감상할 수 있다.

추자등대

상추자도 큰산 정상에 있는 추자등대는 1981년에 처음 세워져 제주를 오가는 선박들의 바닷길을 밝혔다. 지금의 등대는 2005년 다시 지어진 것이다. 등대에 설치된 전망대에서 바라보면 추자군도의 크고 작은 섬들은 물론 멀리 보길도까지, 그리고 하추자도의 예초리, 묵리, 돈대산과 추자대교, 상추자항의 전경이 파노라마처럼 전개된다.

추자항 일출

대서리 마을 뒤쪽에 있는 봉골레산의 높이는 불과 85m에 불과하다. 하지만 아침 일찍 산 정상에 오르면 해 뜨기 전 발갛게 하루를 예열하는 추자항의 모습을 볼 수 있다. 바다로 진출하는 고깃배와 돈대산 너머로 용출하는 일출까지, 한순간도 놓칠 수 없는 장관이 펼쳐진다.

그 밖의 포토존

추자도문화공연장, 묵리고개, 신양상회(하추자)

PLACE TO VISIT

모진이해변

하추자에 신양항 부근에 있는 추자유일의 해수욕장이다. 길이 200m, 폭 30m의 해변에는 파도에 씻긴 깨끗하고 둥근 몽돌이 깔려있어 물놀이는 물론 캠핑하기에도 안성맞춤이다. 하늘, 태양, 바다, 몽돌해변의 조합이 만들어내는 단순미는 오히려 번잡함을 싫어하는 여행객들에 힐링 포인트가 된다.

다무래미

추자의 소매물도로 불린다. 밀물 때마다 섬이 되는 다무래미는 물이 빠지면 기다렸다는 듯 상추자와 하나가 된다. 오랜 세월 파도에 치여 자잘해진 몽돌들이 육계사주를 이루어 두 섬을 연결하며 이때 채 쓸려가지 못한 미역과 다시마가 몽돌위에 널리기도 한다. 다무래미 바닷길은 하루에 두 번 열린다.

묵리 숫가락 나무

여행자센터

2018년 개소한 여행자센터는 추자면사무소 옆에 있다. 관광지도, 스토리투어 가이드북 등을 비치하고 키오스크를 설치해 놓아 탐방객들이 잠시 쉬어가며 추자도에 대한 여행 정보를 얻어 갈 수 있도록 했다. 물론 휴대폰 충전도 할 수 있다.

산타모니카호

추자도 낚시

ACTIVITY

트레킹

2010년, 제주도가 품은 섬 중 우도와 가파도에 이어 세 번째로 개장된 제주올레 18-1코스, 추자올레는 난이도가 최상급으로 분류된다. 제주올레의 취지는 간세(제주 망아지를 일컫는 방언)처럼 느릿느릿하게 걸으며 천천히 맛보는 것이라 했다. 한 번에 완주하는 것도 좋지만 여러 날에 걸쳐 나누어 걸어도 전혀 문제 될 것이 없다.

제주올레 18-1코스
(추자올레 18.2 km | 8시간~)
추자항–면사무소–최영장군사당–봉골레산입구–후포해안–나바론하늘길–등대전망대–추자대교–묵리고개–묵리마을–신양2리–신양항–모진이해수욕장–황경한의 묘–신대전망대–예초리포구–엄바위장승–돈대산입구–돈대산정상–묵리교차로–담수장–추자교–영흥쉼터–추자항

제주올레 18-2 코스
(하추자올레 10.2km / 3시간~)
신양항– 졸복산 – 대왕산황금길– 묵리슈퍼–추자교 –추자면사무소

캠핑

후포해변 위쪽 잔디밭에서 캠핑할 수 있다. 해변과는 도로를 사이에 두고 있어 시야는 반쯤 가리지만 추자도에서 가장 편안하게 즐길 수 있는 장소다. 상추자항에서 가까워 접근이 쉽고 대서리의 관광인프라를 편리하게 이용할 수 있다. 또한 추자 여행의 베이스캠프로도 좋다.
모진이해변은 화장실, 샤워장을 갖추고 있는 추자 유일의 해수욕장으로 반들거리는 몽돌이 해변을 가득 메우고 있다. 밀물에도 바닷물이 많이 들어오지 않아 몽돌에 설영을 해도 괜찮다.

라이딩
(22km | 3시간 30분)

상추자도여객터미널–추자초등학교–최영장군사당–봉골레산–다무래미–후포해변–나바론하늘길전망대–추자대교–묵리고개–묵리마을전망대–대왕산–신양항–모진이해수욕장–추석산–엄바위장승–예초포구–복류수앞–오지박전망대–추자대교–상추자도

후포

나바론 절벽

FOOD

상추자 대서리, 영흥리 주변에 압도적으로 많은 식당이 몰려있다. 과거 조기 파시가 열렸을 때의 명성만은 못하지만, 추자 굴비와 갈치요리 그리고 제철 생선회를 쉽게 먹을 수 있어 음식에 대해 아쉬움은 전혀 없다. 낚싯배를 운영하는 민박집의 밥상에는 신선한 해산물이 언제나 넉넉하게 올라온다. 최근에는 참돔과 삼치가 대표 먹거리로 부상 중이다.

중앙식당과 제일식당, 오동여식당, 오누이밥상 등이 여행객들에게 평가가 좋다.

- 신등대민박수산회센타 : 돔찜/문어꼬치 (한국인의 밥상 341회)
- 귀빈식당 : 엉겅퀴삼치국/삼치껍질젓 (한국인의 밥상 341회)

STAY

추자도에는 50여 개의 숙박시설이 있는 것으로 알려졌지만 실제로는 그보다 더 많다.

민박은 1박에 2인 기준 4만 원 수준으로 저렴한 편이다.

족욕 카페를 운영하는 인추자커피앤민박과 추자올레게스트하우스, 한옥체험의 추자도휴양펜션 등이 인기가 있다.

참돔 소라회
용듬벙

REFERENCE SITE & PHONE NUMBER

주요 기관 & 여행 안내

- 추자면사무소 (064-782-1526)
- 추자도여행센터 (070-4060-0685)

교통

- 씨월드고속페리 (우수영 | www.seaferry.co.kr | 1577-3567)
- 한일고속페리 (완도 | www.hanilexpress.co.kr | 1688-2100)
- 상추자항여객선대합실 (064-742-3513)
- 신양항(하추자)여객선대합실 (064-742-8364)
- 마을순환버스 (064-742-3595)

렌터카

- 추자렌트카 (010-3698-3937)
- 오토랜드렌트카 (064-743-5589)

숙박

- 추자도휴양펜션 (010-2726-6921)
- 인추자커피앤민박 (064-745-3407)
- 에코하우스펜션 (cafe.naver.com/chujaecohouse | 010-2715-5979
- 추자바다25시 (064-742-2724)
- 겔러리단독펜션민박(010-8543-7449)
- 추자아이콘펜션 (cafe.naver.com/chujaicon | 0507-1315-4513
- 후포고여사민박 (blog.naver.com/kao-3580 | 064-747-3580)
- 유심이감성하우스민박 (010-7383-7277)
- 추자도민박펜션(010-9660-9306)
- 추자도휴양펜션(010-2726-6921)
- 추자힐링랜드 (010-2798-6921)

음식

- 신등대민박수산회센타 (www.신등대민박수산.com | 064-742-3868)
- 귀빈식당 (064-742-4900)
- 중앙식당 (064-742-3735)
- 제일식당 (064-742-9333)
- 오동여식당 (064-742-9086)
- 오누이밥상 (010-7129-5479)
- 고향향토장터 (064-747-8035)

다무래미

096 횡간도

오지 섬에서의 하룻밤을 꿈꾸다

추자도에는 총 4개의 유인도가 있다. 다리로 이어진 상추자도와 하추자도에, 그리고 추포도와 횡간도에 사람이 산다.
횡간도는 완도군 보길도에서 19.5km 거리에 있으며 추자도와는 5.3km 떨어져 있는 면적 0.602km²의 아주 작은 섬이다. 횡간도의 이름을 풀이하면 삐딱하게 누운 방패란 뜻이다. 섬은 북서 그리고 남동 방향으로 길게 누워있으며 마을은 두 개의 봉우리 사이 안부에 들어서있다. 사실 10명이 채 안 되는 주민이 사는 마을을 떼어내면, 횡간도의 모습은 거의 무인도와 다름없다. 마치 모든 섬의 시작이 그랬을 것처럼 원시의 거친 모습이 고스란히 머물러있다. 추자 본섬을 막아서고 모진 풍파를 받아내며 조각된 거친 땅덩어리, 횡간도의 해안 비경은 그렇게 생성되었다.
단 하나의 섬길은 남동 끝 태양광발전소에서 시작되어 북서 끝 거대한 해안절벽 앞에서 멈춰선다. 그곳의 해안절벽에는 추자도의 나바론 절벽을 방불케 하는 위압감이 느껴진다.
횡간도가 가진 여행지로서의 매력은 흔적과 자연이다.
제멋대로 자라난 동백나무와 지천을 덮고 숲을 이룬 신우대 그리고 폐교 입구에 피어난 노란 수선화마저 아무런 방해를 받지 않고 섬 일부로 살아간다. 2000년도 초까지만 해도 횡간도는 아궁이에 불을 때서 난방과 취사를 하던 섬이었다. 기름을 연료로 하는 열악한 발전시설로 인해 전기도 하루 2시간 제한적으로 공급되었고 주민들은 마을 안 우물에서 두레박으로 물을 길어 식수로 사용했다. 세월이 흘러 여건이 다소 좋아졌지만 이미 많은 주민이 섬을 떠났고 대신 자연이 그 빈 곳을 채워왔다. 횡간도는 정기 여객선이 다니지 않는다. 섬에 가려면 행정선을 이용해야 하는 만큼 여행을 위해서는 여유 있는 일정이 필요하다.

횡간도 바닷길에서 한라산을 보다

TRAFFIC

행정선

상추자 여행자센터 앞 선착장 → 횡간도

- 하루 1회, 9:00 출항 | 30분 소요

※ 월 · 화 · 목 1회, 금요일 2회 운항

PLACE TO VISIT

추자초등학교 횡간분교 터

마을 길을 따라 조금 더 올라가면 추자초등학교 횡간분교 터가 나온다. 풀숲으로 뒤덮인 작은 운동장과 옛 교사가 그대로 남아있다. 횡간분교는 1951년 설립되어 1991년 폐교됐다. 26회에 걸쳐 161명의 졸업생을 배출했다는 문구가 적힌 빗돌이 세워져 있다.

PHOTO SPOTS

한라산을 배경으로

딱히 어디라고 지정할 수 없을 만큼 횡간도에는 특별한 포토스폿이 즐비하다. 그중 태양광발전소가 있는 섬의 남동 끝 언덕에 서면 한라산이 보인다. 제주 본섬에서 멀리 떨어진 또 다른 섬에서 한라산을 배경으로 기념샷을 찍을 수 있는 흔치 않은 기회다. 횡간도를 오가는 행정선에서도 한라산을 조망할 수 있다.

횡간민박의 통창

횡간민박의 거실은 마치 근사한 카페를 방불케 한다. 큼지막한 통창 너머로 추자도와 추포도의 모습이 온전히 조망된다. 마치 액자 속 그림과 같은 멋진 풍경을 즐기며 커피를 마실 수 있다.

ACTIVITY

트레킹

사람이 다닐 수 있는 모든 길을 찾아 이어봐도 채 3km가 되지 않는다. 펜스나 계단 등의 안전시설이 없으니 길이 아닌 곳은 가지 않는 것이 좋다.

캠핑

태양광발전소 위쪽으로 텐트를 칠 수 있는 공간이 있다. 하지만 캠핑하려면 주민들에게 허락을 받아야 한다. 민박에 하루 묵은 후 협조를 받는 것도 좋은 방법이다.

행정선

FOOD & STAY

횡간민박은 섬의 유일한 숙박시설이다. 금요일을 제외하고 하루 1회 행정선이 다니기 때문에 횡간도에 들어가면 최소 하루를 묵고 나와야 한다. 1박 2일 5식에 1인당 55,000원이며 안 사장님의 요리 솜씨가 좋다.

REFERENCE SITE & PHONE NUMBER

여행 안내

- 행정선 문의 (추자면사무소 | 064-728-4291)

숙박

- 횡간민박 (예약 필수 | 010-7171-2558)

횡간민박

횡간민박 밥상

횡간도의 남동쪽 끝에서 조망되는 한라산

선착장
폐교 | 신우대숲

097 우도

섬 속의 섬이 아닌, 섬 밖의 제주

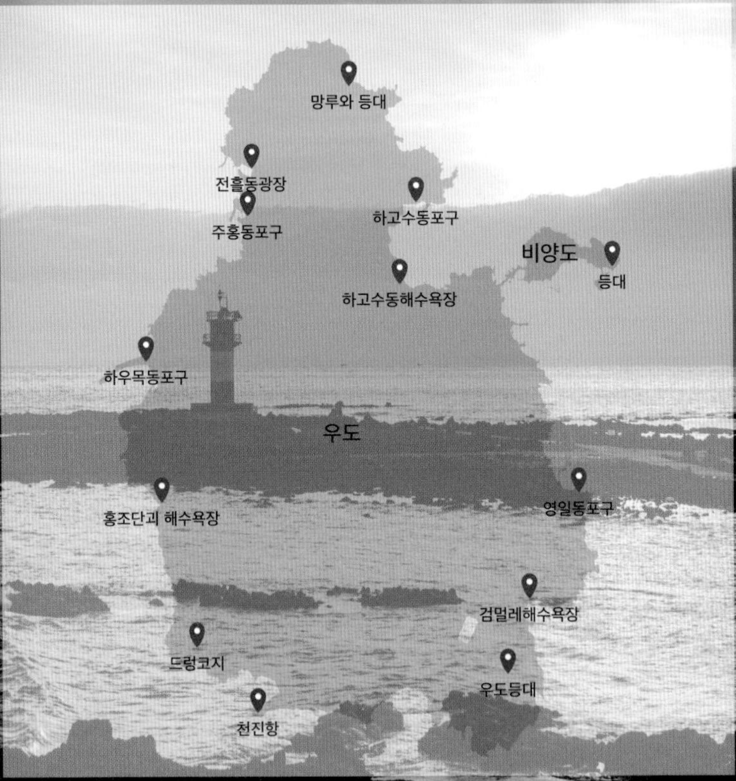

연평리의 아침

우도는 면적 6.18km²로 제주도의 63개 부속 도서 가운데 가장 큰 섬이다. 연간 방문객 200만 명을 넘나드는 제주의 으뜸 명소로 여객선이 성산항과 종달항에서 앞다투어 관광객을 실어 나른다. 우도는 천혜의 관광인프라를 가지고 있는 섬이다. 검멀레해변이나 우도봉, 홍조단괴해변, 하고수동해변 등 볼거리가 차고 넘친다. 섬은 걸어서 둘러보거나, 해안도로관광순환버스나 업체들이 운영하는 미니전기차, 스쿠터, 자전거 등을 이용해도 좋다.

여객선의 왕래가 빈번하고 쉽게 접근할 수 있는 섬이니만큼 당일 여행 코스로도 안성맞춤이다. 하지만 일정에 여유가 있다면 하룻밤 정도는 머물다 가기를 추천한다. 하늘, 섬, 바다가 어우러져 화려한 색으로 꾸며내는 몽환적인 저녁과 아침이 섬 속에 있기 때문이다. 우도에 대한 기억은 붉게 물든 하늘과 투명한 바다색으로 남는다.

우도를 제대로 즐기는 테마 중 하나는 섬 속의 섬 비양도에서의 캠핑이다. 비양도는 인위적인 시설 하나 없이 제주의 자연을 가장 가까이서 경험할 수 있는 천혜의 야영지다. 캠퍼들 사이에서는 우리나라 3대 백패킹 성지로 손꼽힌다. 토지 소유주가 무상으로 땅을 내어놓고 마을에서 화장실과 제반 시설들을 관리하기 때문에 누구든 자유롭게 캠핑할 수 있다.

걷기 여행자들도 우도를 찾아온다. 제주올레 1-1코스(우도올레)가 섬의 해안을 따라 놓여있기 때문이다. 일주도로와 코스가 겹쳐 다소 혼잡스럽지만, 이 또한 활기찬 섬의 모습이라 생각한다면 오히려 걷는 것이 즐겁다.

천진항

TRAFFIC

여객선

성산항 → 우도 동천진동항

■ 하루 12회 운항 | 10분 소요

※07:30부터 18:00까지 매시간 30분 출발 | 휴가철, 주말, 공휴일 증편

성산항 → 우도 하우목동항

■ 하루 12회 운항 | 15분 소요

※07:30부터 18:00까지 매시간 정시 출발 | 휴가철, 주말, 공휴일 증편

종달항 → 우도 하우목동항

■ 하루 6회 운항 | 15분 소요

마을안길순환버스

■ 하루 11회 운행

■ 동천진동항-우도봉 입구-조일리사무소-하고수동-면사무소-하우목동항-동천진동항-면사무소-하고수동-조일리사무소-우도봉 입구-동천진동항

※ 동천진동항 기준 25분, 52분 출발 | 하우목동항 43분 출발

※ 비양도 캠핑장은 조일리사무소 하차, 도보 900m

해안도로 관광순환버스

(하루 19회 운항)

■ 하우목동항 (매시 30분, 정각출발) → 전흘동망루 → 하고수동해녀탈의장 → 비양도 → 우도봉 → 동천진동항 → 산호사물코 → 하우목동항

■ 동천진동항 (매시 20분, 50분 출발) → 산호사물코 → 하우목동항 → 전흘동망루 → 하고수동해녀탈의장 → 비양도 → 우도봉 → 동천진동항

※ 짝수일은 해안도로를 시계 방향으로 운행하며, 홀수일은 시계 반대 방향으로 운행한다.

PHOTO SPOTS

비양도

연평 야영장의 망루에선 일출과 일몰이 공존한다. 이곳의 태양은 망루 뒤편에서 떠올라 수동포구 너머로 저문다. 무엇이 되었든 알록달록한 텐트와 자연이 다듬어 놓은 보드라운 잔디밭을 배경으로 인생 사진을 남길 기회를 제공한다.

홍조단괴해변

낙조는 섬의 서쪽 '홍조단괴해변' 또한 둘째가라면 서럽다. 과거 산호사해변으로 불리었던 이곳은 해빈 퇴적물을 이루는 구성요소가 산호가 아닌 홍조류임이 밝혀지면서 새로운 이름을 얻었다. 아름답게 빛나던 푸른 바다와 백사장의 색이 바래 갈 무렵, 제주 본섬의 하늘을 붉게 물들이는 낙조는 보는 이들의 발걸음을 멈추게 하며 깊은 감명으로 새겨진다.

마을안길 순환버스

PLACE TO VISIT

우도봉
우도가 소가 누워있는 모습을 닮았다면 우도봉은 그 머리에 해당한다. 때문에 쇠머리오름, 우두악 등으로도 불렸다. 봉우리 주변으로는 초지가 형성되어있으며 1950년대에 조림한 해송이 군락이 정상부를 차지하고 있다. 우도봉은 그 자체로도 아름답지만, 성산일출봉은 물론 한라산 아래의 수많은 오름 등 아름다운 제주 경관을 조망할 수 있는 곳으로 더욱 유명하다.

검멀레해변
우도봉 해안절벽 아래의 작은 해변으로 모래가 검은색을 띠고 있어 검멀레로 불린다. 검멀레해변의 검은 모래는 찜질효과가 탁월하다고 알려져 있다. 해변 안쪽에는 우도 8경 중 하나로 고래가 살았다는 전설이 전해지는 검멀레동굴이 있다. 동굴은 물이 빠져야 접근할 수 있다.

하고수동해변
하고수동해변은 수심이 낮고 모래의 입자가 곱고 부드러워 우도의 산호 해변과는 또 다른 가족 단위의 피서지로 사랑받아왔다. 최근에는 코로나 시대에 해외여행을 대체하는 핫플로 부상 중이다. 순백의 해변과 투명한 바다가 있는 이국적 환경을 배경으로 테라스형 카페와 식당이 주류를 이루며 젊은 여행객들도 늘어나는 추세다.

우도8경
우도 8경을 제대로 감상하기 위해서는 배를 타고 섬을 한 바퀴 돌아봐야 한다.

- 제1경 주간명월 : '광대코지'로 불리는 암벽의 해식동굴에서 태양이 수면에 반사되어 동굴 천정에 달처럼 비춰지는 현상
- 제2경 야항어범 : 6~7월 집어등을 켠 채로 조업하는 멸치잡이 어선들의 모습
- 제3경 천진관산 : 천진리의 동천진동항에서 바라본 일출봉과 수산봉 그리고 한라산의 빼어난 절경
- 제4경 지두청사 : 우도봉 정상에서 내려다본 우도 전경과 푸른 바다, 서빈백사의 풍경을 통틀어 일컫는 말
- 제5경 전포망도 : 제주 종달리와 하도리에서 바라본 우도의 모습
- 제6경 후해석벽 : 바다를 등지고 솟아있는 바위 절벽, 즉 천진동포구에서 바라본 동쪽의 '광대코지'를 일컫는 말
- 제7경 동안경굴 : 거인고래가 살았다는 전설이 전해 내려오는 '검멀레'해변의 일명 '콧구녕'으로 불리는 해식동굴
- 제8경 서빈백사 : 홍조단괴해변의 백사장

하고수동해변

ACTIVITY

트레킹

제주올레 1-1코스

(우도올레 | 11.3km | 4시간 이상)

천진항-홍조단괴해빈 - 독생이코지-하우목동항-산물통-파평윤씨공원-방사탑-하고수동해수욕장-우도봉입구-우도등대-천진항

캠핑

연평리야영지의 캠핑비는 무료다. 주말과 성수기에는 자리가 없을 정도로 텐트가 들어찬다. 동천진동항이나 하우목동항에서 마을안길순환버스를 타고 조일리사무소에 내려 걸어가면 비용을 절감할 수 있다. 비양도 바로 앞에는 편의점이 있어 간단한 식재료 등도 살 수 있으며 부근 카페의 시설을 빌려 샤워도 가능하다(사용료 5,000원).

비양도 연평리야영지

우도 전기차

2017년 8월 이후 렌터카의 입도가 금지되자 (우도 숙박자, 7세 미만, 65세 이상, 장애인, 임산부 등 동승 시 예외) 섬은 전기차의 세상이 되었다. 업체마다 가격도 제각각, 3시간 기준으로 3~5만 원 수준이지만 주말, 평일 등 상황에 따라 시간 적용과 가격이 다르다.

주말에는 인터넷으로 예약, 평일 혹은 비수기라면 직접 현지에서 비교 후 대여하는 편이 좋다. 운행 시 헬멧을 착용해야 하며 보험 가입 여부를 확인해야 한다.

전기차 스쿠터 | 우도땅콩아이스크림

FOOD

우도에는 수많은 식당이 해변을 따라 늘어서 있었다. 제주 전통음식은 물론 중국집이나 퓨전 파스타, 스테이크, 수제햄버거 등 종류도 다양하다. SNS 등을 통해 맛집 정보가 공유 중이나 인기나 개인적인 입맛에 근거하고 있어 100% 신뢰할 수는 없다.

우도땅콩은 일반 땅콩의 1/3 정도의 크기로 자그마하지만 껍질째 혹은 볶지 않고 먹어도 전혀 비리지 않다. 땅콩을 이용한 우도의 먹거리는 아이스크림, 빙수, 막걸리 등이 있다. 특히 땅콩막걸리는 막걸리 특유의 텁텁함이 덜한 대신 고소하고 뒷맛이 부드럽다. 단 병당 가격이 4,000~5,000원으로 다소 비싼 편이다.

- 풍원 : 한라산볶음밥 (저녁생생정보 69회)
- 하하호호 : 땅콩아이스크림 (생생정보통 619회 | 테이스티로드시즌3 27회)
- 로뎀가든 : 한치주물럭/볶음밥 (좋은아침 4401회)
- 봉끄랑 : 마늘버거/땅콩버거 (맛있을지도 시즌3)
- 회양과국수군 : 방어회국수 (모닝와이드 7257회), 돌문어해물탕 (생생정보통 981회)
- 파도소리해녀촌 : 보말칼국수 (배틀트립 151회)
- 우도밥상 : 생선회 (좋은아침 3886회)

STAY

섬 전역에 50개가 넘는 펜션이 있다. 타 지역에 비해 다소 비싼 편이며 성수기, 주말, 시설에 따라 차가 제각각이다. 홈페이지와 네이버페이 시스템을 통해 시설과 비교 후 예약하는 것이 좋다.

홍조단괴해변 | 뿔소라포토존

REFERENCE SITE & PHONE NUMBER

주요 기관 & 여행 안내

- 우도면사무소 (064-728-1527)
- 우도사랑협동조합 (우도 버스 | udoebus.modoo.at | 064-782-2626)
- 조일리사무소 (064-783-0570)

교통

- 우도가는 배 (종달항 | udoboat.smart9.net | 064-782-8425)

숙박

- 그린제주휴양펜션 (www.그린제주우도휴양펜션.com | 064-782-7588)
- 해바라기펜션게스트하우스(udojeonghun.modoo.at | 050-4359-7857)
- 로그하우스 (064-782-8212)
- 초원게스트하우스 (udochowon.modoo.at | 010-6603-6911)
- 우도머뭄 (010-4260-2786)
- 노닐다 (www.nonilda.co.kr | 010-5036-5470)
- 소섬바당게스트하우스 (soseombadang.com | 010-5534-0588)
- 봉자게스트하우스 (010-2663-8645)
- 우도다올펜션 (우도다올펜션.com | 010-4889-8892)
- 돌체펜션 (www.jejudolchae.com | 010-8825-1946)
- 스테이소도 (www.staysodo.co.kr | 0504-0904-2305)
- 우도달봉펜션 (064-784-0426)
- 우도달그리안펜션 (dalgrian.co.kr | 0503-5058-2529)
- 하얀산호펜션 (udowhitesand.modoo.at | 010-3694-5420)
- 동굴리조트 (www.iloveudo.co.kr | 064-784-6678)

음식

- 섬소나이 (짬뽕 | 064-784-2918)
- 풍원 (주물럭, 볶음밥 | 064-784-1894)
- 온오프 (돈가스 | 010-9158-1513)
- 하하호호(수제버거 | 010-2899-1365)
- 블랑로쉐 (땅콩아이스크림 | 064-782-9154)
- 로뎀가든 (주물럭, 볶음밥 | 064-782-5501)
- 우도해녀식당 (전복칼국수 | 010-9090-3509)
- 소섬전복 (전복요리 | 064-782-0062)
- 안녕육지사람 (흑돼지버거 | 064-782-0062)
- 물꼬해녀의집 (전복라면 | 064-784-7331)
- 우도물들이 해녀의집 (전복, 보말죽 | 010-4374-7726)
- 우도짜장맨 (톳짜장면 | 070-7778-2003)
- 봉끄랑 (수제버거 | 064-784-8899)
- 우도해광식당 (보말칼국수 | 064-782-0234)
- 회양과국수군 (회국수 | 064-782-0150)
- 파도소리해녀촌 (해산물 모듬 | 064-782-0515)
- 호로락 (해물칼국수 | 064-784-0054)
- 해와달그리고섬 (해초비빔밥 | 064-784-0941)
- 우도밥상 (갈치조림 | 064-782-5204)
- 피노키오카페 (흑돼지불고기버거 | 010-9627-3007)

검멀레해변

우도봉

098 비양도

제주다움

협재에서 바라본 비양도

'날아온 섬'이라는 뜻의 비양도는 우리나라에서 가장 최근인 고려시대에 화산활동이 일어났던 섬이다. 신증동국여지승람에는 1002년 제주 해역 한가운데에서 산이 솟아 나오고 그 꼭대기에서 4개의 구멍이 뚫려 닷새 동안 붉은 물이 흘러나온 뒤 그 물이 엉기어 기왓골이 되었다는 이야기가 기록돼있다.
비양도는 우도, 마라도, 가파도에 비해 찾아오는 관광객의 숫자는 적지만 가장 제주다운 섬으로 손꼽힌다. 2006년 해양수산부가 주관한 '아름다운 어촌'으로 선정되었고 2005년 고현정, 조인성, 지진희 등이 출연한 드라마 〈봄날〉이 이 섬에서 촬영되었다.
비양도의 해안 둘레는 약 3.5km에 불과하다. 해안과 나란히 길이 나 있어서 어느 방향으로 걸어도 결국 처음 자리로 돌아온다. 섬의 해안에는 바닷물이 섬의 지하로 스며들어 만들어진 '팔랑못', 가마우지의 서식처 코끼리바위, 일명 '애기 업은 돌'로 불리는 호니토 등 걷다가 만나는 볼거리가 쏠쏠하다. 선착장 부근의 호돌이 식당은 보말죽이 일품이다. 참게볶음에 제주 막걸리를 마시며 도선을 기다리는 모습은 선착장의 낭만으로 통한다. 최근에는 새로운 카페와 식당들도 생겨나 선착장 주변과 마을이 조금은 화사해졌지만, 제주다움을 해칠 정도는 아니다. 제주 한림항에서 하루 여덟 번 배가 오간다. 비양도로 가는 첫배는 아침 9시에 있다.

TRAFFIC

여객선

한림항비양도도선승선장 → 비양도

- 하루 8회 운항 | 15분 소요

※천년호와 비양도호가 각각 하루 4회 운항한다.

PLACE TO VISIT

팔랑못

팔랑못은 바닷물이 뭍으로 흘러들어와 커다란 연못을 이룬 염습지이다. 밀물 때는 연못 아래에서 바닷물이 솟아나고 또 비가 내리면 민물이 고이기도 한다. 팔랑못 위로 964m의 데크 산책로를 놓아 염습지의 생태를 관찰할 수 있도록 하였다.

애기 업은 돌

호니토(hornito)는 용암 내의 가스 분출로 생긴 소규모 화산체로, 대개는 내부가 빈 굴뚝 모양을 하고 있다. 높이 4.5m 직경 1.5m의 '애기 업은 돌'은 비양도에 남아있는 40여 개의 호니토중 유일하게 원형을 보존하고 있는 천연기념물(제439호)이다.

임신한 여인이 아이를 업은 형상을 한 바위에는 구슬픈 전설이 전해진다. 130여 년 전 구좌읍 김녕리에 사는 해녀들이 비양도에 왔다가 물질을 마치고 모두 돌아갔으나 우연히 한 해녀만 섬에 남게 되었고 이 해녀는 아기를 업은 채 남편이 자신을 데리러 와주기를 하염없이 기다리다 망부석이 되었다는 이야기이다. 훗날 사람들이 이 돌을 일컬어 '애기 업은 돌' 또는 '애기 밴 돌'이라 불렀고 아기를 못 낳는 사람이 치성을 드리면 효험이 있다고 전해진다.

PHOTO SPOTS

코끼리바위

선착장에서 시계 방향으로 1km 지점, 해안가에 있는 바위다. 커다란 화산석에 구멍이 뚫려 마치 코끼리가 바닷물에 코를 담그고 있는 형상을 하고 있다. 이곳은 가마우지의 서식지로도 유명하며 각도에 따라서는 마치 성곽과 같은 모습을 보이기도 한다.

비양봉

비양봉의 높이는 114m에 불과하다. 하지만 나지막한 봉우리가 최상의 전망 뷰를 가지고 있다. 비양봉 전망대에 서면 코발트 빛 해변이 아름답게 펼쳐진 금릉, 협재 해수욕장은 물론 한라산을 품은 제주도가 한눈에 들어오며 청명한 날이면 육지까지 굽어보인다.

애기 업은 돌

ACTIVITY

트레킹
(4.9km | 2시간 이상)

일주도로를 따라 섬을 한 바퀴 돌고 비양봉을 오르내리는 것이 트레킹의 전부라 할 수 있다. 구간이 짧아 사진을 찍거나 스폿들을 살피다 보면 소요시간은 큰 의미가 없다.

- 선착장-코끼리바위-애기업은돌-팔랑못-발전소-비양분교장-보말이야기-중간길-데크로드-비양봉-비양도등대-데크로드-선착장

캠핑

공인된 캠핑장은 없다. 소수의 인원이 팔랑못 주변에서 텐트를 치는 예도 있으나 권장할 수는 없다. 협재야영장을 베이스캠프로 하고 비양도를 탐방하는 것이 바람직하다.

선인장군락

FOOD

선착장과 마을 내에 5곳의 식당과 4곳의 카페가 있다. 메뉴는 전복, 보말죽과 막걸리에 곁들일 수 있는 간단한 안주가 주를 이룬다.

■ 호돌이식당 : 보말죽 (MBC파워매거진 350회)

STAY

대부분의 탐방객이 섬을 돌아보고 당일 제주로 나가기 때문에 섬 내에는 숙박시설이 많지 않다.

참게볶음 | 보말죽

해안길

REFERENCE SITE & PHONE NUMBER

주요 기관 & 여행 안내

- 한림항 비양도 대합실 (비양도 해운 064-796-3515)
- 비양리사무소 (064-796-2730)

음식 및 숙박

- 호돌이식당 (064-796-8475)
- 민경이네식당 (064-796-8973)
- 인섬 (010-7285-3878)
- 카페비주비주 (010-2476-5555)
- 쉼그대머물다 (010-9622-2872)

099 가파도

최소한의 변화, 그리고 단순함에 대해

소망 전망대

모슬포 운진항에서 뱃길로 5.5km 떨어져 있는 가파도는 면적 0.84km², 해안선 길이가 4.2km의 작은 섬이다. 가파도는 우리나라에서 가장 낮은 섬으로 알려져 있다, 섬의 최고 높이는 20.5m에 불과하다. 해수면과 큰 차이가 없어 혹 태풍이라도 닥치면 물에 잠길듯한 모습을 하고 있지만, 암초가 섬을 둘러싸고 있어 오히려 안전하다. 가파도는 청보리의 섬으로 불린다. 면적의 60%가 보리밭이다. 매년 4월 초에서 5월 초 사이에는 청보리축제가 열리는데, 이 시기에 가장 많은 관광객이 몰려든다. 하지만 청보리가 베어지고 빈 들판으로 남을 때에도 섬은 아름답다. 평화로운 정취를 감싸 안은 가장 큰 하늘이 있기 때문이다.

가파도에는 전봇대가 없다. 무(無)탄소의 깨끗한 섬을 만들어가는 과정에서 지중화되었다.

가파도 여행의 모토는 단순함이다. 배에서 내리자마자 마주치는 대합실부터 섬을 걸으며 만나게 되는 골목과 가옥 새로 생긴 시설물이 한결같이 단순하다. 관광객의 숫자는 늘었지만 섬은 요란한 변화를 거부한다. 가파도협동조합이 개발과 보존 그리고 수익사업까지 총괄하며 '최소한의 변화'를 지향한다. 제주올레 10-1코스가 있는 섬, 어느 계절이건 가파도의 여정에는 아쉬움이 없다.

마을 돌담

TRAFFIC

여객선

대정읍 운진항 → 가파도항

- 하루 5~7회 운항 | 10분 소요

※ 청보리축제기간 증편, 매시 30분 간격으로 운진항 출항

여객선대합실
가파도 돌하르방

PLACE TO VISIT

가파도 아티스트 인 레지던스 (가파도 Air)

'가파도 Air'는 예술가들에게 가파도의 아름다운 자연 속에서 작품활동에 전념할 수 있도록 작업 환경을 제공하는 창작공간이다. 가파도 Air는 가파도 프로젝트 중 하나로 제주도와 현대카드가 공동 운영해왔지만, 2021년부터 제주문화예술재단이 주도하게 되었다. 레지던시뿐만 아니라 전시회, 오픈스튜디오, 지역연계 행사 등 다양한 활동을 하고 있다.

봉그레이

식당들이 자리를 지켜온 마을 골목에 '봉그레이'' 라는 소품 가게가 있다. 모슬포에서 공방을 운영하는 김지웅 씨, 박희연 씨 부부가 주인이다. 나무와 도자기가 만나 만들고 빚어낸 전시품들은 가파도를 걷다 만나게 되는 또 다른 재미다.

가파도 사진관

해녀 사진을 전문으로 하는 유용예 작가가 2019년 개관한 사진관이다. 본디 게임디자이너였던 작가는 2012년부터 가파도에 정착해 사진 작업을 이어갔다. 작가는 직접 물질하는 현직 해녀자 어촌계장 직함도 가지고 있다. 섬을 이해하고 유대감을 쌓기 위해 선택한 간절한 노력이다. 사진관은 작가의 작업실이기도 하다. 해녀 문화와 관련한 다양한 프로젝트가 기획 진행되며 전시회도 열린다. 관광객들 또한 가파도 포구 마을 초입에 있는 작은 사진관에 해녀 복장과 태왁 등의 소품을 갖추고 기념사진을 남길 수 있다.